学1道会5道：甜品200道

轻松变身甜品达人

Julie & Julia◎编著

浙江出版联合集团
浙江科学技术出版社

在和煦的午后或清爽的早晨，走入厨房，将各种材料混入平凡的鸡蛋、面粉中，搅拌均匀，打发蓬松，再放进充满魔力的烤箱，等待面糊慢慢膨胀，发生变化。随着时间的流逝，空气中弥漫了浓浓的香气，而你的眼前会浮现家人、朋友的甜蜜笑脸。那一刻，好像所有烦恼都烟消云散了，只留下满怀期待的美妙心情。

在忙碌、单调的生活中，我们可以用一段安静的烘焙时光来抚平疲倦，记录点点滴滴的小确幸。可当不少人打算身体力行时，陌生的材料、繁复的步骤和超高的失败率往往会令他们望而却步。

本书延续简约饮食生活的主题，用简单、清晰的步骤图解，从基础到进阶，介绍了近 200 道广受欢迎的甜品食谱。即使是新手，照着食谱也能轻松完成，享受亲手制作甜品的乐趣。

本书分为三大主题、14 个门类，不论是蛋糕、饼干，还是巧克力、布丁、冰激凌，都收录其中。书中更网罗了市面上的高人气甜品，如日剧里常常出现的草莓奶油蛋糕，小朋友最爱的鸡蛋布丁和草莓果冻，风靡全球的芝士蛋糕等，所有你想学、想做的甜品，一本书统统搞定！

本书的特色是举一反三，层层深入。每个门类选出 1 ~ 4 道具代表性的甜品，每一道甜品根据食材或制法，衍生出 4 个副食谱，供新手反复练习之余，激发创意，玩转新口味。每个主食谱都附有 Step by Step 步骤图，用贴心笔记详解重点步骤的制作诀窍，并通过“烘焙常识课”一栏，将基础烘焙知识融入每道甜品的制作过程中，让你在不知不觉中由新手成长为达人。

你是否已经跃跃欲试？那么，赶快放下对失败的恐惧，开启一段全新的烘焙之旅吧！

目录

PART 1 基础蛋糕

PART 2 人气糕饼

PART 3 解馋点心

烘焙
常识课

使用指南

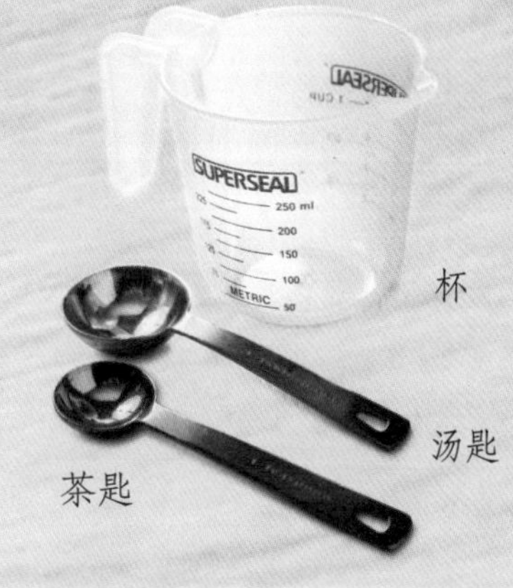

1. 书中食谱分量用语

用词	分量
1茶匙	5毫升（4～5克）
1汤匙	15毫升（约14克）
1杯	250毫升

2. 食谱的阅读方式（图解）

甜品名称

一句话阐明甜品特色和制作诀窍

贴心笔记，解开烘焙过程中的难题，并提供提升味道的小贴士

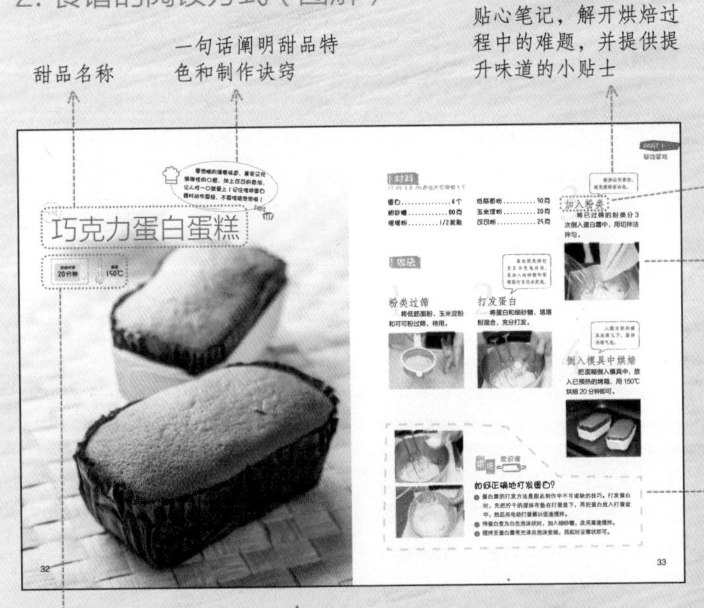

以小标题形式简述步骤的重点，方便烘焙新手读懂制作流程

Step by Step 图解甜品制作过程，新手也能一目了然

解答新手常见疑惑，讲解基础烘焙知识

介绍甜品的烘焙温度和所需时间

根据主选食谱的食材及技法，衍生出4个相关食谱，供你参考

简单介绍副食谱的口味与特色

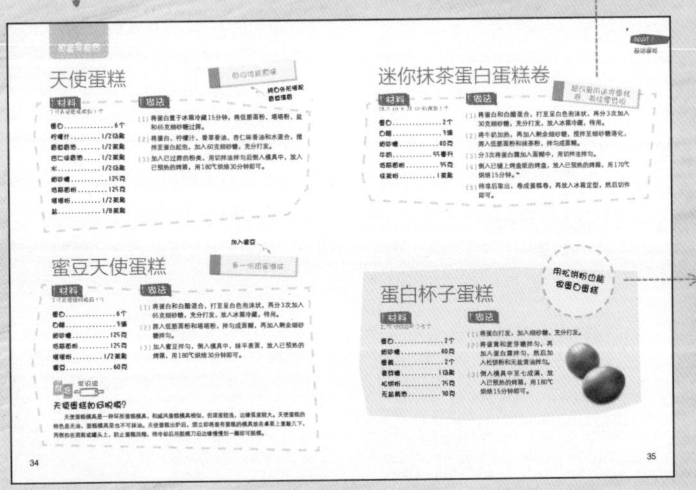

使用市售预拌粉制作的简易食谱，省时又省力

关于材料

高筋面粉和低筋面粉有何不同？淡奶油和甜奶油的区别在哪里？烘焙新手在面对陌生的烘焙材料时，常常感到手足无措。下面介绍30种基础材料，让你在烘焙世界里游刃有余。

❶ 低筋面粉（Cake Flour）、中筋面粉（Plain Flour）、高筋面粉（Bread Flour）

制作糕点的主要成分之一，都是由小麦制成的，按照蛋白质含量高低、筋性大小来区分。低筋面粉适合制作蛋糕和饼干，中筋面粉适合制作包子和馒头，高筋面粉适合制作面包、蛋挞皮和面条。（图❶中从上往下依次为高筋面粉、中筋面粉、低筋面粉）

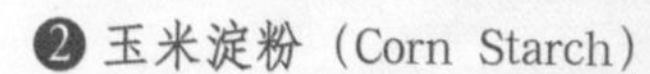

❷ 玉米淀粉（Corn Starch）

由玉米提炼出的淀粉，颜色呈淡黄色。调水加热后具有胶凝特性，常用于制作西点的派馅，或用作布丁等食物的凝固剂。

❸ 鸡蛋（Egg）

制作甜点必不可少的主材料之一，具有起泡性、凝固性及乳化性，通常情况下选用中等大小的新鲜鸡蛋。

❹ 白细砂糖（Sugar）、黄糖（Brown Sugar）、黑糖（Black Sugar）

糖是制作甜点的主材料之一，通常起增加甜味及使成品组织柔软的作用，在打发鸡蛋时起稳定剂的作用。黄糖和黑糖都是没有经高度提炼的蔗糖，前者颜色较浅，后者颜色较深，通常呈粉末状或块状。（图❹中从左到右依次为黑糖、黄糖、白糖）

❺ 盐（Salt）

主要具有调和甜味或提味的作用，一般使用精制细盐。

❻ 黄油（Butter）

制作西点的主要材料之一，从牛奶中提炼而来，起使糕点组织柔软的作用。通常含有 1% ~ 2% 的盐分，制作蛋糕时会选用无盐黄油，以免影响口感。

❼ 色拉油（Oil）

由大豆提炼而成的植物油，常用于制作戚风蛋糕和海绵蛋糕。

❽ 牛奶（Milk）

通常首选鲜奶，其次是由奶粉冲泡而成的牛奶。

❾ 奶酪（Yogurt）

由牛奶经乳酸发酵后制成，市面上有多种口味，制作糕点时最好选用原味奶酪。

❿ 奶油芝士（Cream Cheese）

是用淡奶油制作的新鲜软质干酪，具有浓郁的芝士味和特殊酸味，通常用于制作芝士类糕点。

⓫ 奶油（Cream）

奶油又被称为鲜奶油，它主要分淡奶油和甜奶油两种，前者又称动物性鲜奶油 (Whipping Cream 或 Dairy Cream)，后者则称植物性鲜奶油 (Non-dairy Cream)。

淡奶油的脂肪含量约 30%，适合加入蛋糕中作配料，可制作冰激凌等甜点。甜奶油是人造的，主要成分为棕榈油、玉米糖浆及其他氢化物。由于它的稳定性较高，故适合用来作裱花装饰。

⓬ 酸奶油（Sour Cream）

由普通奶油和乳酸菌共同发酵制成。其乳脂含量为 18% ~ 20%，有特殊的酸味。通常用它作饼面装饰，也可加入蛋糕中调味。

⑬ 鱼胶片和鱼胶粉（Gelatin）

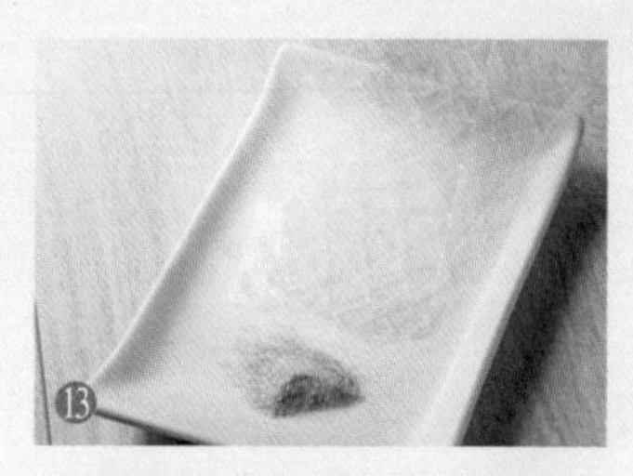

又称明胶，是由动物组织提炼而成的凝结剂，颜色呈透明，使用前必须先用冷水浸泡，可溶于 80℃以上的热水。等量的鱼胶粉与鱼胶片的凝结能力相近，故通常情况下两者可互相替换。

⑭ 发粉（泡打粉，Baking Powder）、苏打粉（Baking Soda）、自发粉（Self-raising Powder）

均为膨松剂，可以让蛋糕面糊变得更加膨松。发粉是在苏打粉中添加了氧化剂和保存剂，苏打粉则为碱性粉，可以用来做馒头，若用量过多会产生苦味。

自发粉多为中筋面粉混合发粉的预拌粉，如果用自发粉来做点心就不需要加发粉。（图⑭中红色盘装的是苏打粉，右上方的白色盘装的是自发粉，下方的白色盘装的是发粉）

⑮ 塔塔粉（Cream of Tartar）

一种酸性的白色粉末，主要用于帮助蛋白打发及中和蛋白的碱性。加了塔塔粉的蛋白，颜色会更白，碱味较淡。如果没有塔塔粉，也可以用柠檬汁或白醋代替。

⑯ 米粉（Rice Flour）、糯米粉（Glutinous Rice Flour）

米粉即粳米粉，是把粳米洗净并研磨后制成的粉末。其特点是幼滑、吸水性强，用于制作曲奇，可让成品更松脆。在日本通常用它制作和果子。

糯米粉是由糯米去壳加水研磨成浆，再脱水干燥而成，可用来制作汤圆和糯米糍。（图⑯中右上方为糯米粉，左下方为米粉）

⑰ 卡士达粉（Custard Powder）

一种香料粉，呈淡黄色粉末状，具有浓郁奶香。可用于制作多种馅料和糕点表面装饰。

⑱ 杏仁粉（Almond Flour）

由杏仁制成的调味粉。

⑲ 咖啡粉（Coffee Powder）

从咖啡豆中提炼出来的粉类，可用于制作各种咖啡风味的甜点。

⑲

⑳ 可可粉（Cocoa Powder）

由可可豆脱脂研磨而成的粉末，可用于制作巧克力风味的甜点。制作时应选用不含糖和奶精的 100% 可可粉。

⑳

㉑ 绿茶粉（Green Tea Powder）

由 100% 绿茶研磨而成的绿茶粉末，略带苦味，用于制作各种绿茶风味的甜点。

㉑

㉒ 巧克力（Chocolate）

由可可豆提炼而成，烘焙时通常使用黑巧克力、牛奶巧克力和白巧克力。隔水加热至 50℃即可融化，可用于制作巧克力风味的甜点，也可以切碎后撒在蛋糕上作装饰。（图㉒中左上方为牛奶巧克力，右下方为黑巧克力）

㉒

㉓ 果酱（Jam）

通常用作蛋糕或饼干夹馅，也可以加水稀释后涂抹于甜品表面作镜面装饰。（图㉓中左上方为橙酱，左下方为杏桃酱，右上方为蓝莓酱，右下方为草莓酱）

㉓

㉔ 榛子酱（Hazelnut Paste）、巧克力酱（Chocolate Paste）

两种常见的甜酱，味道浓郁，可涂抹在蛋糕或饼干上作调味品，也可用作糕点的馅料。（图㉔中左边为榛子酱，右边为巧克力酱）

㉔

㉕ 蜂蜜（Honey）、枫糖（Maple Sugar）、焦糖（Caramel）

三者都可以于制作蛋糕、饼干时添加以增加风味。蜂蜜和枫糖分别是从花粉和枫树中提炼出来的糖浆，焦糖则是由糖煮至 170℃形成的物质，常常加于布丁、冰激凌上。（图㉕中从上往下依次为焦糖、枫糖、蜂蜜）

㉕

㉖ 椰浆（Coconut Milk）

椰浆是从成熟的椰子肉中榨出来的奶白色液体，又称椰奶，是东南亚国家常用的食品调味料。常用于制作布丁和香兰蛋糕。

㉖

㉗ 香草荚（Vanilla Pod）

通常作为调味剂，增加蛋糕或冰激凌的香草香气。将种子与液体一起熬煮，即可释放出香味。

㉗

㉘ 香草香油（Vanilla Extract）、香兰香油（Pandan Extract）、芋头香油（Taros Extract）

三者分别是从香草荚、香兰叶、芋头中提炼出来的香油，可增加成品的香气，后两者还可起到上色的作用。（图㉘中从左到右依次为香草香油、芋头香油、香兰香油）

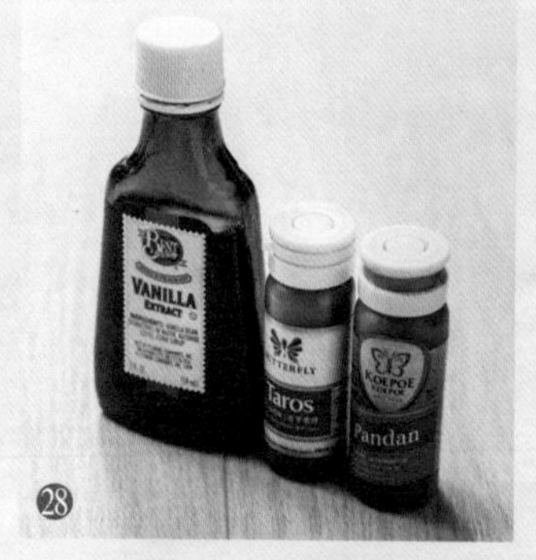

㉘

㉙ 朗姆酒（Rum）、咖啡酒（Coffee Liqueur）

可用来制作巧克力和糕点，也常用来浸泡水果干以增加酒香。朗姆酒，是由蔗糖再发酵而成的蒸馏酒，酒精浓度达40%，颜色呈琥珀色，具有浓烈的甜香味。咖啡酒是含有咖啡风味的蒸馏酒，常用来制作提拉米苏。

㉙

㉚ 手指饼干（Lady Fingers）、消化饼干（Digestive Biscuit）

手指饼干是意大利著名的饼干，外形细长，口感香甜，常用于蛋糕外围的装饰和制作提拉米苏的基底。消化饼干是以全麦、燕麦、芝麻为主要原料加工而成的，将它弄碎后与无盐黄油混合可用于制作芝士蛋糕饼底，也可铺在蛋糕表面作木糠碎。

㉚

关于工具

市面上的烘焙工具五花八门，它们分别有什么功用呢？又有哪些是必不可少的呢？下面介绍近 30 款最基本的烘焙工具，让你不再担心找不着头绪！

❶ 电子秤（Electronic Scale）

称量材料质量的工具，使用时需放置在水平桌面上。现在普遍使用的电子秤，读数方便，精确度可达 1 克。

❷ 打蛋盆（Mixing Bowl）

用来打蛋或拌匀材料的容器，通常为不锈钢或玻璃制品。

❸ 量杯（Measuring Cup）

标准容量为 250 毫升，可用来量取水、牛奶等液体，一般有玻璃、铝、不锈钢等材质。

❶

❷

❸

❹ 量匙（Measuring Spoon）

通常一组至少有 1 汤匙、1/2 汤匙、1 茶匙、1/4 茶匙四种规格。1 汤匙为 15 毫升，1 茶匙为 5 毫升，可用于量取微量粉类或液体。

❺ 打蛋器（Whisk & Egg Beater Machine）

用于打发或拌匀材料，常见的有瓜型打蛋器和电动打蛋器。

❻ 抹刀（Pallette Knife）

无刀锋圆角刀，用于为蛋糕涂抹甜奶油或其他装饰。有多种长度大小可供选择。

❼ 橡皮刮刀（Rubber Spatula）

橡皮刮刀通常用于拌匀材料或搅拌面糊，若要用于搅拌有热度的材料，一定要注意选用耐高温的硅胶刮刀。

❽ 糕点刷（Pastry Brush）

材质多为塑料或天然动物毛，主要用于蘸取汁液刷于成品表面，也可用来刷油。

❾ 擀面杖（Rolling Pin）

常见擀面杖有直型及含把手等类型，主要用于将面团和面皮擀成适当厚度，也可以用来压碎饼干。

⑩ 粉筛（Sieve）

用于将粉类材料过筛，使之均匀。也可以用来过滤液体以滤除杂质或气泡。

⑪ 凉架（Rolling Rack）

用来放置刚出炉的烘焙品以待其冷却，分为插入式和平放式两种。

⑫ 圆形蛋糕烤模（Round Pan）

最常用的蛋糕烤模，有底盘和模身连为一体的非活动式和可分开的活动式两种。市面上有各种大小和材质的圆形模具，可用来制作烘焙蛋糕、冷冻甜点、面包等。

⑬ 厚锅（Pot）

煮焦糖酱或巧克力酱等食材时使用，隔热性能较好。除了不锈钢锅之外，也可使用釉瓷锅。

⑭ 方形蛋糕烤模（Square Pan）

有活动式和非活动式两种。使用范围广，可用于制作蛋糕、面包、派、曲奇等，常用于制作布朗尼。

⑮ 长柄平底煎锅（Skillet）

因底部受热均匀，常用于煎热香饼(Pancake)。

⑯ 长条形蛋糕烤模（Loaf Pan）

适合制作磅蛋糕、吐司面包和冰激凌等。

⑰ 戚风蛋糕烤模（Ring Mould）

中空的设计，令蛋糕出炉后体积不会迅速缩小。适合制作面糊体积膨胀较大的戚风蛋糕。该模具有各种大小和材质，由于戚风蛋糕脱模难度较大，不少人喜欢选用纸模。

⑱ 烤盘（Baking Pan）

通常用来烤蛋糕卷或曲奇饼干，大多直接使用烤箱所附的烤盘。烘焙前必须在烤盘上铺一层烤盘纸，避免材料粘在烤盘上，难以清洗。

⑲ 小蛋糕烤模（Cake Mould）

通常用来制作小松饼（Muffin）。

⑳ 烤杯模（Baking Cup）

适合烘焙小松饼（Muffin）、杯子蛋糕等小型糕点，可使用不锈钢杯或铝杯，也可使用纸杯，即用即弃，十分方便。

㉑ 布丁果冻模（Pudding & Jelly Cup）

有硅胶、不锈钢等多种材质。底部设计为平底，可使焦糖在布丁倒扣时不易流失，而周边波浪形的纹路，适合体现果冻晶莹剔透的反射效果。

㉒ 饼干模（Cookie Mould）

饼干模种类繁多，造型多变。通常在将面团压成面皮后，用饼干模压出外形。

㉓ 巧克力模（Chocolate Mould）

多为树脂加工材质，倒入巧克力溶液，静置待冷却定型，脱模后即为各种造型的巧克力。

㉔ 烤盘纸（Baking Paper）

用来垫在烤盘上以隔绝食物与烤盘直接接触，用黄油纸或半透明的立油纸皆可。

㉕ 裱花袋（Pastry Bag）

常用来装填发泡奶油作蛋糕表面裱花装饰，也用来挤馅料于面包、泡芙或其他西点里。

㉖ 裱花嘴（Nozzle）

有各种大小和花样，可配合裱花袋做出不同装饰图案。

㉗ 蛋糕转台（Evolving Cake Stand）

用于制作奶油蛋糕时，涂抹奶油和裱花。

PART 1

基础蛋糕

海绵蛋糕

海绵蛋糕的英文名为 Sponge Cake，因其类似海绵的松软质感而得名。它通过将蛋打成蓬松柔软的泡沫，使蛋液中充入大量空气，加入面粉烘焙后，形成多孔的蛋糕体。海绵蛋糕可以变化出多种形态，如圆形蛋糕底、圆筒状蛋糕卷、杯子蛋糕等。

蛋白蛋糕

蛋白蛋糕又名天使蛋糕（Angel Cake），由海绵蛋糕发展而来。其特点是只用蛋白，不用蛋黄，且不含油脂。蛋白蛋糕质地柔软，口感如羽绒般轻盈细腻。

你知道吗？只要将鸡蛋、面粉、砂糖和油脂四种材料组合在一起，稍加调整，就能制作出外观、口感全然不同的蛋糕。本章介绍四种最适合新手的基础蛋糕——海绵蛋糕、蛋白蛋糕、黄油蛋糕和戚风蛋糕。掌握了这几款蛋糕后，只要再加入不同口味的调味粉，或搭配水果、慕斯夹馅、泡发甜奶油，就能做出千变万化的甜蜜滋味。

黄油蛋糕

黄油蛋糕以甜度高，口感浓郁、厚实得名。其原始配方是一磅面粉、一磅无盐黄油、一磅砂糖和一磅鸡蛋，故也称为磅蛋糕（Pound Cake）。除传统风味外，黄油蛋糕中可加入牛奶、水果干、坚果和巧克力，变化出更丰富的口味。

戚风蛋糕

戚风蛋糕的英文名为 Chiffon Cake，Chiffon 意指一种材质轻柔的雪纺薄纱，在此用来形容这种蛋糕口感轻柔软绵、富有弹性。戚风蛋糕的最大特点是，先将面粉加入蛋黄中拌匀，并用色拉油代替无盐黄油。其口味变化主要来自配方中的水分及香料的风味，制作中也可以加入适量水果干或水果颗粒等。

万千的变化，都源于由鸡蛋和砂糖混合的基础味道。只要充分打发鸡蛋和砂糖，就能成功做出蓬松的效果！

烘焙

传统海绵蛋糕

烘焙时间 20分钟

温度 170℃

材料

6寸圆形蛋糕烤模1个

鸡蛋……………3个
细砂糖…………70克
无盐黄油（已融化）…30克
低筋面粉………80克
杏仁片…………适量

做法

1 打发鸡蛋和无盐黄油

打发时先用打蛋器以慢速将蛋与糖打匀，待水温升至40℃时离火，再加速打至呈奶白色。

将鸡蛋和细砂糖放入打蛋盆中，隔水加热，打至呈奶白色，再加入无盐黄油拌匀。

2 筛入面粉

所谓切拌法，即使用橡皮刮刀自打蛋盆底部由下自上地翻动，把底层面糊不断翻至表面，令面粉与蛋液充分融合。

筛入低筋面粉，用切拌（fold-in）法拌成面糊。

3 倒入模具中烘焙

蛋糕稍微皱缩，表示面糊即将烤熟。

把面糊倒入模具中，撒上杏仁片，放入已预热的烤箱，用170℃烘焙20分钟即可。

烘焙常识课

如何完好地取出海绵蛋糕？

1. 制作烘焙蛋糕时，最好放入烤盘纸，方便脱模。
2. 蛋糕出炉后先放在散热架上待凉。
3. 待蛋糕完全冷却后，在烤模底部放置比烤模高的瓶子或罐头，将模具框往下压。
4. 再将抹刀等插入饼皮与烤模底板之间，使底板脱离。

做法和传统海绵蛋糕相似，只需要在面糊中筛入绿茶粉，就能制作出带着茶香和微苦味道的绿茶海绵蛋糕！

烘焙

绿茶海绵蛋糕

烘焙时间 20分钟

温度 170℃

材料

6寸圆形蛋糕烤模1个

鸡蛋 …… 4个
细砂糖 …… 150克
无盐黄油（已融化）…… 50克
低筋面粉 …… 150克
绿茶粉 …… 20克

做法

1 打发鸡蛋和无盐黄油

将鸡蛋和细砂糖放入打蛋盆中，隔水加热，打至呈奶白色，再加入无盐黄油拌匀。

2 筛入粉类

绿茶粉先以滤茶网过筛，混入低筋面粉后再次过筛。

筛入低筋面粉和绿茶粉，拌匀成面糊。

3 倒入模具中烘焙

把面糊倒入模具中，放入已预热的烤箱，用170℃烘焙20分钟即可。

烘焙常识课

如何判断蛋糕是否烤好了？

把竹签或牙签插入蛋糕中，取出竹签或牙签，如果没有面糊粘在竹签或牙签上，就表示蛋糕烤好了。如果仍粘有面糊，则可烘焙2～3分钟后再检查一次。

巧克力海绵蛋糕

把绿茶粉换成可可粉

材料

6寸圆形蛋糕烤模1个

- 鸡蛋……………4个
- 细砂糖…………90克
- 无盐黄油………50克
- 低筋面粉………150克
- 可可粉…………15克

做法

(1)将鸡蛋和细砂糖放入打蛋盆中，隔水加热，打至呈奶白色，加入已置室温回软的无盐黄油拌匀。

如果怕太甜，细砂糖可减少至75克。

(2)筛入低筋面粉和可可粉，拌匀成面糊。

(3)把面糊倒入模具中，放入已预热的烤箱，用170℃烘焙20分钟即可。

牛奶海绵蛋糕

加入牛奶和炼乳

口感浓郁，人人爱

材料

6寸圆形蛋糕烤模1个

- 无盐黄油………30克
- 牛奶……………3汤匙
- 炼乳……………2汤匙
- 鸡蛋……………2个
- 蛋黄……………2个
- 细砂糖…………40克
- 低筋面粉………60克

做法

(1)将无盐黄油置于室温回软，加入牛奶和炼乳，拌匀。

(2)将鸡蛋和蛋黄拌匀，打至起泡，加入细砂糖，充分打发，筛入低筋面粉。

(3)将前两个步骤的混合物拌匀，倒入铺了烤盘纸的模具中，放入已预热的烤箱，用200℃烘焙25分钟，待凉后脱模即可。

如何让无盐黄油在室温下快速回软?

将无盐黄油切成小块，置于室温下软化至用手指或汤匙可轻松压进无盐黄油为准。

柠檬海绵蛋糕

柠檬的酸味可化解
海绵蛋糕的甜腻

清新滋味，让人陶醉

材料

6寸圆形蛋糕烤模1个

- 鸡蛋……………3个
- 蛋黄……………2个
- 细砂糖…………160克
- 低筋面粉………150克
- 玉米淀粉………25克
- 无盐黄油………35克
- 色拉油…………40克
- 柠檬皮蓉………2茶匙
- 牛奶……………适量
- 柠檬汁…………适量

做法

(1) 将鸡蛋、蛋黄和细砂糖放入打蛋盆中，隔水加热，打至呈黄色泡沫状。

(2) 筛入低筋面粉和玉米淀粉，拌匀成面糊。

(3) 将无盐黄油隔水加热至融化后与色拉油混合均匀，再分次加入面糊中拌匀，然后加入柠檬皮蓉和牛奶、柠檬汁拌匀。

(4) 倒入模具中，放入已预热的烤箱，用180℃烘焙25分钟，待凉后脱模即可。

红茶海绵蛋糕

红茶茶叶磨碎后
与面粉充分融合

材料

6寸圆形蛋糕烤模1个

- 鸡蛋……………4个
- 细砂糖…………150克
- 无盐黄油………50克
- 红茶茶叶………20克
- 低筋面粉………150克

做法

(1) 将鸡蛋和细砂糖放入打蛋盆中，隔水加热，打至呈奶白色，加入已置室温回软的无盐黄油拌匀。

(2) 将红茶茶叶磨碎，与低筋面粉混合后过筛，倒入鸡蛋溶液中，拌匀成面糊。

(3) 把面糊倒入模具中，放入已预热的烤箱，用170℃烘焙20分钟，待凉后脱模即可。

如何避免蛋糕烤好后下塌?

❶ 用170℃烤熟蛋糕后不要立即取出，应待温度下降至130～150℃时再取出，使蛋糕充分降温，避免因烤箱温度和室温差距过大而热胀冷缩。

❷ 蛋糕烤熟后要倒扣于金属架或面粉筛上晾凉，以免蛋糕收缩时会因本身重量而使蛋糕面下塌。

细密而润泽的组织，浓郁的蜂蜜味和蛋香，这就是蜂蜜蛋糕的独特味道！注意打发鸡蛋的速度一定要快，打至泡沫光滑、细致才行哦！
烘焙
杏桃蜂蜜蛋糕
烘焙时间
30分钟
温度
170℃

材料

17 cm x 8 cm的长方形烤模1个

鸡蛋	5个	发粉	5克
细砂糖	120克	杏桃果酱	20克
无盐黄油（已融化）	50克	蜂蜜	10克
低筋面粉	125克	牛奶	80毫升

做法

打发鸡蛋时速度要快，打至体积约为原来的4倍，颜色呈乳白色，即可离火以慢速顺同一方向打至泡沫光滑、细致，呈流状。

1 打发鸡蛋和无盐黄油

将鸡蛋和细砂糖放入打蛋盆中，隔水加热至40℃，离火，打至呈奶白色，加入无盐黄油拌匀。

2 筛入粉类

筛入低筋面粉和发粉，用切拌法拌匀成面糊。

3 加入其他材料

加入杏桃果酱、蜂蜜和牛奶拌匀。

将拌匀的面糊从稍微高一点的位置倒入模具中，可使面糊中的大气泡消失。

4 倒入模具中烘焙

倒入模具中，放入已预热的烤箱，用170℃烘焙30分钟，取出冷却后切片即可。

一定要使用金属烤模吗？

除了金属烤模，也可以使用一次性纸质蛋糕模或锡纸模，这种蛋糕模不用铺上烤盘纸，事后也不需要清洗。另外，金属烤模导热能力较强，成品周边容易烤焦，使用纸模可省去切边的工序。

橙花蜜海绵蛋糕

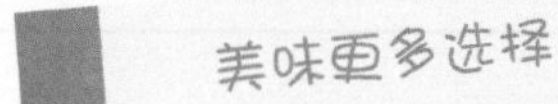

使用不同口味的蜂蜜

材料

17 cm x 8 cm的长方形烤模 1 个

鸡蛋……………5个
细砂糖…………200克
无盐黄油（已融化）…50克
低筋面粉………100克
发粉……………5克
橙花蜜…………80毫升
牛奶……………80毫升

做法

（1）将鸡蛋和细砂糖放入打蛋盆中，隔水加热至40℃，离火，打至呈奶白色，加入无盐黄油拌匀。

（2）筛入低筋面粉、发粉，拌匀成面糊。

（3）加入橙花蜜拌匀，再加入牛奶拌匀。

（4）把面糊倒入模具中，放入已预热的烤箱，用190℃烘焙20分钟即可。

胡萝卜蜂蜜蛋糕

加入胡萝卜蓉

好吃又营养

材料

17 cm x 8 cm的长方形烤模 1 个

胡萝卜…………80克
鸡蛋……………2个
蜂蜜……………3汤匙
无盐黄油（已融化）…5汤匙
牛奶……………适量
低筋面粉………100克
发粉……………3克

做法

（1）将胡萝卜洗净，去皮，用搅拌机打成蓉。

（2）将鸡蛋和蜂蜜放入打蛋盆中，隔水加热至40℃，离火，打至呈奶白色，加入无盐黄油、胡萝卜蓉、牛奶拌匀。

（3）筛入低筋面粉和发粉，拌匀成面糊。

（4）把面糊倒入模具中，放入已预热的烤箱，用170℃烘焙15分钟，待凉后脱模即可。

蜂蜜绿茶蛋糕

材料

17 cm x 8 cm的长方形烤模1个

鸡蛋……………4个
细砂糖…………60克
蜂蜜……………2汤匙
牛奶……………3汤匙
无盐黄油(已融化)…2汤匙
低筋面粉………70克
绿茶粉…………1汤匙
塔塔粉………1/4茶匙

做法

(1) 将蛋黄和蛋白分开，取蛋黄，加入20克细砂糖，打至呈奶黄色，加入蜂蜜，打至浓稠。

(2) 加入牛奶和无盐黄油拌匀，筛入低筋面粉和绿茶粉，拌匀成面糊。

(3) 将蛋白、塔塔粉和40克细砂糖拌匀，充分打发。

(4) 将面糊和蛋白溶液拌匀，倒入模具中，放入已预热的烤箱，用150℃烘焙40分钟即可。

长崎蛋糕

加入味醂调味

香甜加倍

材料

17 cm x 8 cm的长方形烤模1个

鸡蛋……………4个
细砂糖…………75克
高筋面粉………120克
牛奶……………2汤匙
麦芽糖…………1茶匙
味醂……………1汤匙
蜂蜜……………3汤匙

做法

(1) 将蛋黄和蛋白分开，取蛋白，加入细砂糖打发，再逐一加入蛋黄，继续打发。

(2) 筛入高筋面粉，拌匀成面糊。

(3) 将牛奶、麦芽糖、味醂、蜂蜜混合均匀，用微波炉加热10秒后，和一小部分面糊混合均匀，再倒入剩余面糊里拌匀。

(4) 将面糊倒入已铺好烤盘纸的模具里，放入已预热的烤箱，用160℃隔水烘焙60分钟。待凉后脱模，密封包装后入冰箱冷藏24小时即可。

如何分开蛋黄和蛋白?

❶ 准备两个小碗，在台面上轻敲鸡蛋，敲出裂缝后，将裂缝朝上，用拇指轻轻剥开蛋壳。

❷ 将蛋黄左右交替倒入两手的蛋壳中，使蛋白流入置于下方的碗内。

❸ 将蛋黄倒入另一个碗中。

按照海绵蛋糕的做法制作好面糊，然后倒进纸杯，放入烤箱烘焙，出炉后放上奶油、水果、零食作装饰，这样就可以轻松做出人见人爱的杯子蛋糕。

烘焙

简易蛋糕杯

烘焙时间 15分钟

温度 180℃

材料

直径2.75寸的纸杯7～8个

鸡蛋……………2个
细砂糖…………60克
无盐黄油（已融化）…15克
低筋面粉………60克
牛奶……………适量

做法

打发时先用打蛋器以慢速将蛋与糖打匀，待水温升至40℃时离火，再加速打至呈奶白色。

1 打发鸡蛋和无盐黄油

将鸡蛋和细砂糖放入打蛋盆中，隔水加热，打至呈奶白色，加入无盐黄油拌匀。

2 筛入面粉

筛入低筋面粉，用切拌法拌匀成面糊，加入牛奶拌匀。

出炉后把竹签插入蛋糕中，取出竹签，如果无面糊粘在竹签上，表示蛋糕已烤熟。

3 倒入模具中烘焙

倒入蛋糕杯内，放入已预热的烤箱，用180℃烘焙15分钟，出炉后稍作装饰即可。

如何用发泡甜奶油做简单装饰?

在杯子蛋糕表面挤上发泡甜奶油，再配上水果或其他零食，即可完成可爱的蛋糕装饰。下面是发泡甜奶油的制作方法。

材料：甜奶油100毫升，细砂糖7克。

做法：❶ 把甜奶油（冷藏）和细砂糖倒入打蛋盆中，盆底隔着冰水，边冷却边用打蛋器打发。

❷ 打至起角，且尖角以缓慢速度倒下即可。

黑糖海绵杯子蛋糕

加入黑糖

排毒又补血

材料

直径2.75寸的纸杯7～8个

低筋面粉..........60克
无盐黄油..........20克
牛奶..........2汤匙
鸡蛋..........2个
黑糖..........60克

做法

(1) 将低筋面粉过筛；将无盐黄油和牛奶拌匀，隔水加热至溶化。
(2) 将鸡蛋打散，加入黑糖，隔热水拌匀，移开热水后打发。
(3) 加入低筋面粉拌匀，加入黄油溶液，拌匀成面糊。
(4) 把面糊倒入模具中至七成满，放入已预热的烤箱，用180℃烘焙12分钟即可。

黑芝麻杯子蛋糕

加入黑芝麻

甜中带苦，香气十足

材料

直径2.75寸的纸杯7～8个

无盐黄油..........120克
细砂糖..........80克
鸡蛋..........2个
低筋面粉..........100克
黄豆粉..........1汤匙
发粉..........1茶匙
黑芝麻酱..........3汤匙

做法

(1) 将无盐黄油置于室温回软，打至光滑，加入细砂糖拌匀。
(2) 将鸡蛋打散，加入黄油中拌匀。
(3) 筛入粉类，加入黑芝麻酱，拌匀成面糊。
(4) 把面糊倒入模具中至七成满，放入已预热的烤箱，用180℃烘焙20分钟即可。

市售松饼预拌粉种类繁多，由于其中的低筋面粉、细砂糖和发粉比例搭配恰当，利用它来制作蛋糕，不仅可以节省时间，而且不容易失败。更重要的是，使用松饼粉就算不用烤箱，也能做出好吃的蛋糕！可以说它是懒人必备的烘焙好帮手！

可可微波炉杯子蛋糕

材料

直径2.75寸的纸杯7～8个

- 鸡蛋……2个
- 细砂糖……25克
- 牛奶……75毫升
- 松饼粉……100克
- 可可粉……10克
- 无盐黄油……30克

做法

(1) 将无盐黄油置于室温回软，可可粉和松饼粉混合后过筛。

(2) 将鸡蛋打散，依次加入细砂糖、牛奶、粉类和无盐黄油，拌匀成面糊。

(3) 把面糊倒入模具中至五成满，在表面盖上保鲜膜，用微波炉高温加热2分钟即可。

杏仁巧克力杯子蛋糕

加入浓缩味粉
就能轻松做出
巧克力杯子蛋糕

材料

直径2.75寸的纸杯5～6个

- 鸡蛋……2个
- 细砂糖……60克
- 可可粉……1汤匙
- 杏仁粉……1汤匙
- 低筋面粉……40克
- 无盐黄油……15克
- 牛奶……2汤匙

做法

(1) 将可可粉、杏仁粉和低筋面粉拌匀，过筛；将无盐黄油和牛奶拌匀，隔水加热至融化。

(2) 将鸡蛋打散，加入细砂糖，隔热水拌匀，离开热水，打至呈奶白色。

(3) 加入粉类拌匀，加入黄油溶液拌匀成面糊。

(4) 把面糊倒入模具中至七成满，放入已预热的烤箱，用180℃烘焙12分钟即可。

柔软绵密的蛋糕，卷入新鲜水果和奶油，好吃又好看！制作时注意将蛋液充分打发，涂抹奶油时要注意厚度，避免奶油溢出。

烘焙

杂果蛋糕卷

烘焙时间 15分钟

温度 190℃

材料

30 cm x 30 cm的烤盘1个

鸡蛋……3个
细砂糖……100克
无盐黄油……30克
低筋面粉……60克
甜奶油……160克
草莓……适量
奇异果……适量
菠萝……适量

做法

1 准备材料

草莓洗净，去蒂，切半；奇异果去皮，切粒；菠萝起肉，切粒；无盐黄油隔水加热至融化。

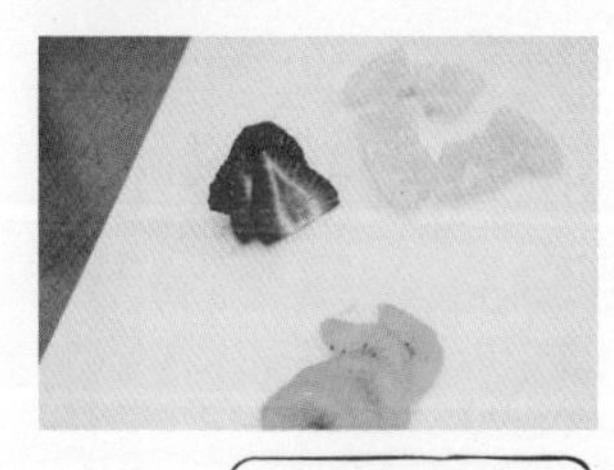

八成发即甜奶油上会残留电动打蛋器搅拌的痕迹，舀起时甜奶油会呈块状掉落的状态。

2 打发甜奶油

甜奶油中加入 10 克细砂糖，隔冰水打至八成发。

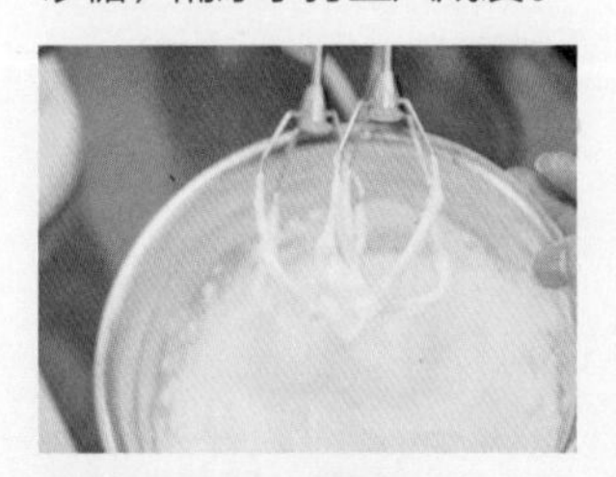

边加热边搅拌，可使细砂糖溶解均匀，鸡蛋也易于打发。

3 打发鸡蛋和无盐黄油

将鸡蛋、90 克细砂糖放入打蛋盆中，隔水加热，打发至稍微黏稠，加入无盐黄油拌匀，筛入低筋面粉，拌匀成面糊。

入烤箱前，用手轻拍烤盘底部以排出空气。

4 倒入烤盘中烘焙

把面糊倒入已铺上烤盘纸的烤盘内，用抹刀抹平表面，放入已预热的烤箱，用 190℃烘焙 15 分钟。

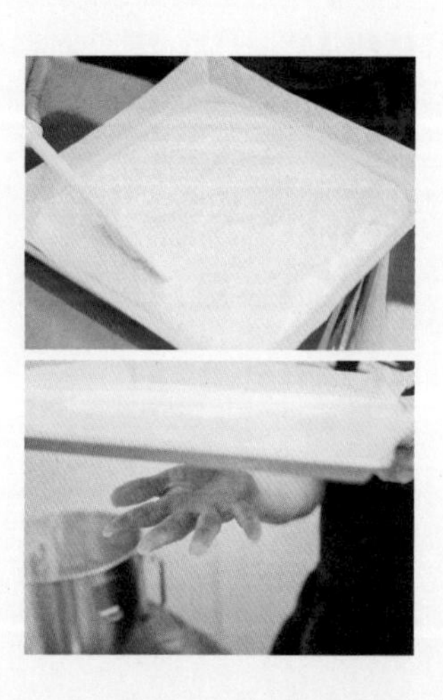

在卷蛋糕卷时，甜奶油会被不断地挤压，故蛋糕边缘可涂薄一点，避免甜奶油溢出。

5 卷成蛋糕卷

待蛋糕凉后取出，在表面铺上打发好的甜奶油和水果，卷成蛋糕卷。

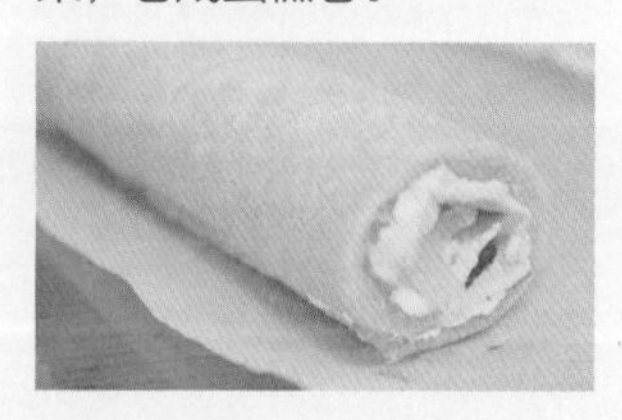

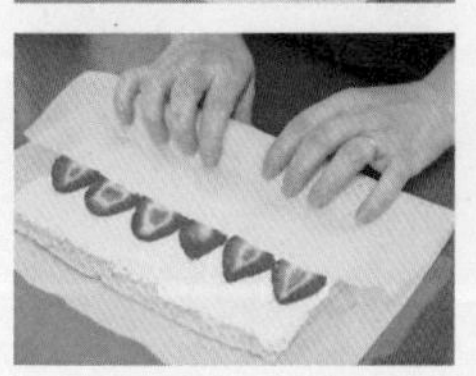

烘焙常识课

怎么做出好看的蛋糕卷?

1. 取出蛋糕，将四周的烤盘纸撕开，放在散热网上充分降温。
2. 蛋糕着色面朝上，切边，涂抹上打发好的甜奶油，边缘可涂薄一点。
3. 摆放水果，行与行间留有一定间隔。
4. 拉起纸张，连同蛋糕卷起，或利用擀面杖调整外形，再放入冰箱冷藏 30 分钟定型。

草莓蛋糕卷

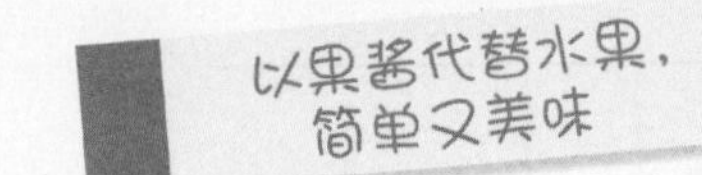

材料

30 cm x 30 cm的烤盘1个

鸡蛋……………3个
细砂糖……………70克
香草香油……………2滴
无盐黄油……………30克
低筋面粉……………60克
草莓酱……………适量
糖霜……………适量

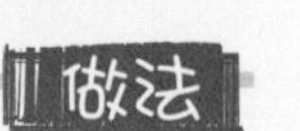

（1）将鸡蛋和细砂糖拌匀，隔热水打至呈奶白色，加入香草香油拌匀。

（2）拌入已隔水加热至融化的无盐黄油，再筛入低筋面粉，拌匀成面糊。

（3）把面糊倒入已铺上烤盘纸的烤盘内，放入已预热的烤箱，用190℃烘焙12分钟，待凉后取出。

（4）在蛋糕表面抹上草莓酱，卷成卷状，冷藏1小时，再在表面撒上糖霜即可。

烘焙常识课

蛋糕切割面为什么会出现空心状？

造成空心的原因，可能是卷蛋糕时力道不足，令蛋糕卷不够密实，也可能是馅料不够。因此，刚开始卷蛋糕时，幅度越小越好，便于及时调整。注意卷起时，除借助工具（擀面杖或尺）外，指腹也要贴着蛋糕体向前推进。此外，在蛋糕中间稍微多放一点馅料，也可改善蛋糕卷内的空心问题。

迷你巧克力卷

加入可可粉
再搭配巧克力奶油馅，味道浓郁

材料

30 cm x 30 cm的烤盘1个

鸡蛋……………3个
细砂糖……………100克
低筋面粉……………50克
可可粉……………15克
无盐黄油……………30克
巧克力碎……………30克
牛奶……………3汤匙
甜奶油……………120克

做法

（1）将低筋面粉和可可粉拌匀，过筛；无盐黄油隔水加热至融化。

（2）将鸡蛋和90克细砂糖隔热水搅拌，打发至稍微黏稠，加入粉类和无盐黄油拌匀。

（3）倒入已铺上烤盘纸的烤盘内，放入已预热的烤箱，用190℃烘焙12分钟，待凉后取出。

（4）将巧克力碎隔水加热至融化，加入牛奶拌匀。晾置后加入甜奶油和10克细砂糖，隔冰水打至八成发。

（5）把蛋糕对半切开，在表面各抹上巧克力奶油，卷成蛋糕卷。

红豆抹茶卷

材料

30 cm x 30 cm的烤盘1个

鸡蛋……………3个
细砂糖…………100克
低筋面粉…………50克
抹茶粉……………15克
无盐黄油…………25克
甜奶油…………200克
热开水…………2茶匙
蜜红豆…………100克

做法

(1) 将低筋面粉和10克抹茶粉拌匀，过筛；无盐黄油隔水加热至融化。

(2) 将鸡蛋和90克细砂糖隔热水搅拌，打发至稍微黏稠，加入步骤(1)中的材料拌匀。倒入已铺上烤盘纸的烤盘内，放入已预热的烤箱，用190℃烘焙12分钟，待凉后取出。

(3) 取剩余抹茶粉，过筛后与10克细砂糖混合，倒入打蛋盆中，再慢慢倒入热开水，搅拌至细砂糖溶解。晾置后，加入甜奶油，隔冰水打至八成发。

(4) 在蛋糕表面抹上抹茶奶油，再撒上蜜红豆，卷成蛋糕卷。

车厘子搭配
黑巧克力

车厘子巧克力卷

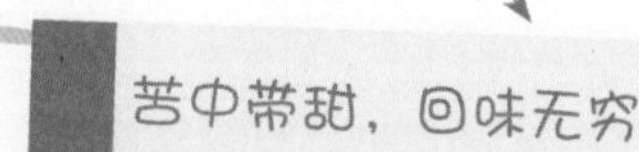

材料

30 cm x 30 cm的烤盘1个

鸡蛋……………3个
细砂糖……………70克
速溶咖啡粉………2茶匙
热开水…………2汤匙
低筋面粉…………60克
可可粉……………20克
发粉…………1/2茶匙
黑巧克力碎………30克
朗姆酒……………15克
罐装车厘子………100克
甜奶油…………120克
糖霜……………适量

做法

(1) 将低筋面粉、可可粉、发粉混合后过筛，用1汤匙热开水溶解速溶咖啡粉，黑巧克力隔水加热至融化。

加入发粉是为了避免打发泡的蛋液在制作过程中消泡，影响蛋糕的蓬松度。如果制作技术娴熟，不存在消泡的问题，发粉也可不加。

(2) 将鸡蛋和细砂糖隔热水搅拌，打发至稍微黏稠，倒入咖啡液，拌匀后再依次加入粉类和黑巧克力浆，拌匀成面糊，倒入已铺上烤盘纸的烤盘内，放入已预热的烤箱，用190℃烘焙10分钟，待凉后取出。

(3) 将朗姆酒与罐装车厘子的糖浆混合，抹在蛋糕表面。

(4) 将甜奶油与10克细砂糖混合，隔冰水打至八成发。

(5) 在蛋糕表面抹上打发好的甜奶油，再撒上沥干的罐装车厘子，卷成蛋糕卷，冷藏1小时后，再在表面撒上糖霜即可。

零油脂的清爽味道，紧实又充满弹性的口感，加上可可的香浓，让人吃一口就爱上！记住搅拌蛋白霜时动作要轻，不要搅破泡泡哦！

烘焙

巧克力蛋白蛋糕

烘焙时间 20分钟

温度 150℃

材料

12 cm x 6 cm的长方形烤模3个

蛋白	4个	低筋面粉	30克
细砂糖	80克	玉米淀粉	20克
塔塔粉	1/2茶匙	可可粉	25克

做法

1 粉类过筛

将低筋面粉、玉米淀粉和可可粉过筛，待用。

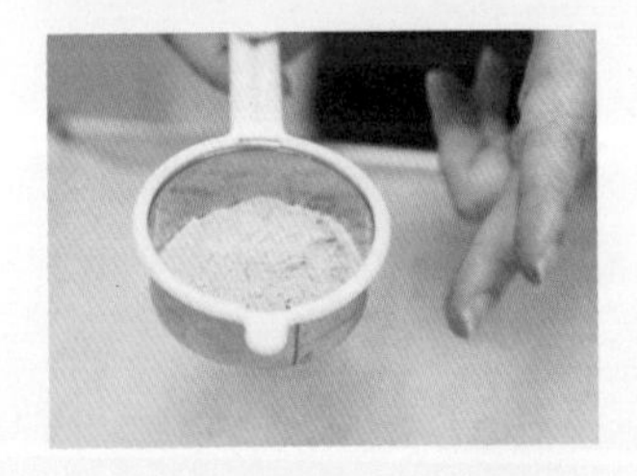

2 打发蛋白

蛋白须先拌打至呈白色泡沫状，再加入细砂糖和塔塔粉打至完全发泡。

将蛋白和细砂糖、塔塔粉混合，充分打发。

3 加入粉类

搅拌动作要轻，避免搅破蛋白泡。

将已过筛的粉类分3次倒入蛋白霜中，用切拌法拌匀。

4 倒入模具中烘焙

入模后轻拍模具底部几下，震掉内部气泡。

把面糊倒入模具中，放入已预热的烤箱，用150℃烘焙20分钟即可。

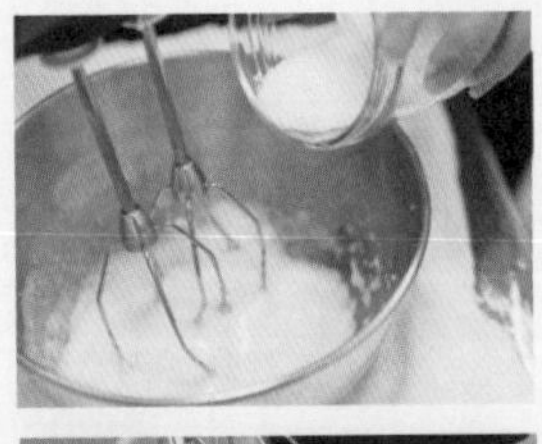

如何正确地打发蛋白？

❶ 蛋白霜的打发方法是甜品制作中不可或缺的技巧。打发蛋白时，先把拧干的湿抹布垫在打蛋盆下，再把蛋白放入打蛋盆中，然后用电动打蛋器以低速搅拌。

❷ 待蛋白变为白色泡沫状时，加入细砂糖，改用高速搅拌。

❸ 搅拌至蛋白霜有光泽且泡沫变细，舀起时呈锥状即可。

天使蛋糕

回归传统原味

纯白外形搭配香草清香

材料

7寸天使蛋糕模具1个

蛋白……………6个
柠檬汁………1/2汤匙
香草香油………1/2茶匙
杏仁味香油………1/2茶匙
水……………1/2汤匙
细砂糖……………125克
低筋面粉……………125克
塔塔粉……………1/2茶匙
盐……………1/8茶匙

做法

（1）将蛋白置于冰箱冷藏15分钟，将低筋面粉、塔塔粉、盐和65克细砂糖过筛。

（2）将蛋白、柠檬汁、香草香油、杏仁味香油和水混合，搅拌至蛋白起泡，加入60克细砂糖，充分打发。

（3）加入已过筛的粉类，用切拌法拌匀后倒入模具中，放入已预热的烤箱，用180℃烘焙30分钟即可。

加入蜜豆

蜜豆天使蛋糕

多一份甜蜜滋味

材料

7寸天使蛋糕模具1个

蛋白……………6个
白醋……………3滴
细砂糖……………125克
低筋面粉……………125克
塔塔粉……………1/2茶匙
蜜豆……………60克

做法

（1）将蛋白和白醋混合，打至呈白色泡沫状，再分3次加入65克细砂糖，充分打发，放入冰箱冷藏，待用。

（2）筛入低筋面粉和塔塔粉，拌匀成面糊，再加入剩余细砂糖拌匀。

（3）加入蜜豆拌匀，倒入模具中，抹平表面，放入已预热的烤箱，用180℃烘焙30分钟即可。

烘焙常识课

天使蛋糕如何脱模？

天使蛋糕模具是一种环形蛋糕模具，和戚风蛋糕模具相似，但深度较浅，边缘弧度较大。天使蛋糕的特色是无油，蛋糕模具里也不可抹油。天使蛋糕出炉后，须立即将装有蛋糕的模具放在桌面上重敲几下，再倒扣在酒瓶或罐头上，防止蛋糕回缩，待冷却后用脱模刀沿边缘慢慢划一圈即可脱模。

迷你抹茶蛋白蛋糕卷

材料

18.5 cm x 22 cm的烤盘1个

蛋白……………2个
白醋……………3滴
细砂糖…………40克
牛奶……………55毫升
低筋面粉………35克
抹茶粉…………1茶匙

做法

(1) 将蛋白和白醋混合，打至呈白色泡沫状，再分3次加入30克细砂糖，充分打发，放入冰箱冷藏，待用。
(2) 将牛奶加热，再加入剩余细砂糖，搅拌至细砂糖溶化，筛入低筋面粉和抹茶粉，拌匀成面糊。
(3) 分3次将蛋白霜加入面糊中，用切拌法拌匀。
(4) 倒入已铺上烤盘纸的烤盘，放入已预热的烤箱，用170℃烘焙15分钟。
(5) 待凉后取出，卷成蛋糕卷，再放入冰箱定型，然后切件即可。

蛋白杯子蛋糕

用松饼粉也能做蛋白蛋糕

材料

2.75寸的纸杯7-8个

蛋白……………2个
细砂糖…………40克
蛋黄……………2个
麦芽糖…………1汤匙
松饼粉…………75克
无盐黄油………30克

做法

(1) 将蛋白打发，加入细砂糖，充分打发。
(2) 将蛋黄和麦芽糖拌匀，再加入蛋白霜拌匀，然后加入松饼粉和无盐黄油拌匀。
(3) 倒入模具中至七成满，放入已预热的烤箱，用180℃烘焙15分钟即可。

将充分打发的黄油面糊和香气浓郁的可可糊一起倒入模具中，就能烤出漂亮的云石花纹！

烘焙

黄油云石蛋糕

烘焙时间 45分钟

温度 160℃

材料

17 cm x 8 cm的长方形烤模1个

无盐黄油……………150克
细砂糖……………120克
香草香油……………3/4茶匙
鸡蛋……………3个
鲜奶……………160毫升
低筋面粉……………150克
发粉……………6克
可可粉……………6克

做法

打发黄油时先用打蛋器搅拌至表面光滑，再分3次加入细砂糖，每次加入后都必须以打蛋器搅拌，在两者融合的同时，打入空气。

1 打发无盐黄油

将无盐黄油置于室温回软，加入细砂糖，打至呈乳白色。

若一次加入所有蛋液，会形成蛋和油分离状态，务必等前一次的蛋液完全融入黄油后再继续加入。

2 加入香草香油、鸡蛋、鲜奶

加入香草香油，分3次加入打散的鸡蛋液拌匀，再倒入鲜奶拌匀。

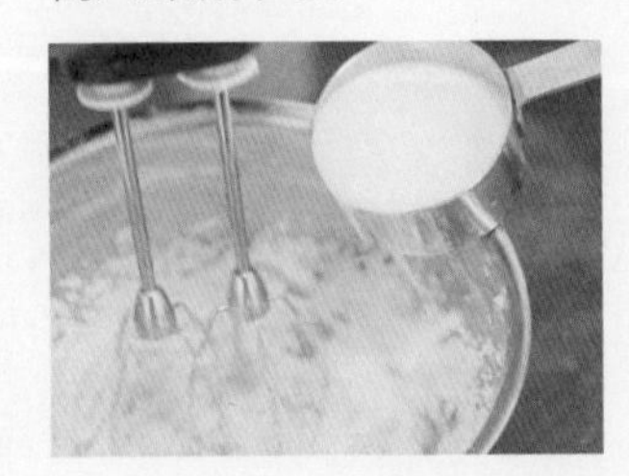

3 筛入粉类

筛入低筋面粉和发粉，拌匀成面糊。

4 制作可可糊

取1/3面糊，加入可可粉拌匀，剩余面糊倒入蛋糕烤模内。

5 划出花纹，入烤箱烘焙

倒入可可粉糊，用牙签或筷子划出云石花纹。放入已预热的烤箱，用160℃烘焙45分钟即可。

烘焙常识课

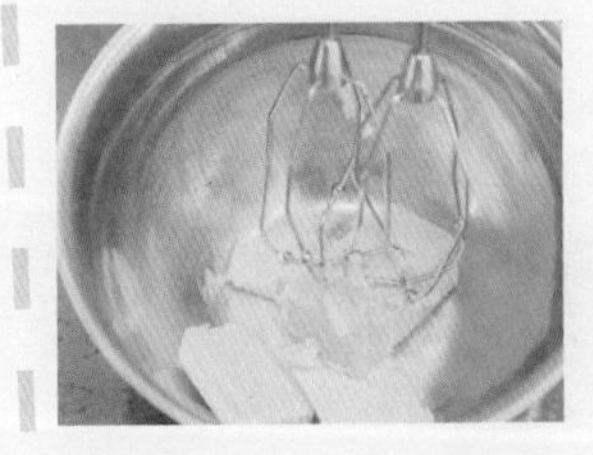

如何正确地打发黄油？

将黄油切成小块，放在碗里软化至手指可轻松戳入的程度，先以低速搅打，再分次加入细砂糖，至两者混合均匀后，以高速搅拌至体积变大，颜色变白。

莎莉黄油蛋糕

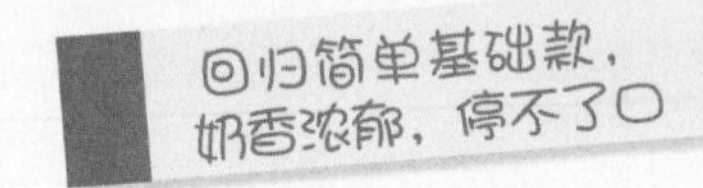

材料

17 cm x 8 cm的长方形烤模 1个

无盐黄油..........100克
细砂糖............100克
盐..............1/3茶匙
鸡蛋................2个
牛奶............170毫升
低筋面粉..........150克
发粉............1/4茶匙

做法

(1) 将无盐黄油置于室温回软，加入细砂糖和盐，打至呈乳白色。
(2) 分3次加入打散的鸡蛋液拌匀，再加入牛奶拌匀。
(3) 筛入低筋面粉和发粉，拌匀成面糊。
(4) 将面糊倒入模具中，放入已预热的烤箱，用180℃烘焙40分钟即可。

如何烤出没有裂痕的黄油蛋糕?

传统黄油蛋糕表面通常有自然裂痕，这是因为黄油蛋糕多数选用长条形烤模，而烘焙时面糊会因热对流向外流动，模具左右狭窄，无多余空间，只能向上膨胀，从而爆出裂痕。如果使用表面积较大的烤模，则不易产生裂痕。

加入荞麦粉

做出独特的
粗糙味道

荞麦黄油蛋糕

材料

17 cm x 8 cm的长方形烤模 2个

无盐黄油..........220克
细砂糖............220克
鸡蛋................5个
荞麦粉............200克
低筋面粉...........50克
玉米淀粉.........5汤匙
发粉..............1茶匙

做法

(1) 将无盐黄油置于室温回软，加入细砂糖，打至呈乳白色。
(2) 分3次加入打散的鸡蛋液拌匀。
(3) 筛入荞麦粉、低筋面粉、玉米淀粉和发粉，拌匀成面糊。
(4) 将面糊倒入模具中，放入已预热的烤箱，用180℃烘焙40分钟即可。

巧克力黄油蛋糕

用分蛋法制作黄油蛋糕
口感更松软

材料

17 cm x 8 cm的长方形烤模1个

鸡蛋……………2个
无盐黄油………100克
细砂糖…………100克
低筋面粉………100克
发粉…………1/4茶匙
盐……………1/4茶匙
巧克力碎………100克

做法

(1)将蛋黄和蛋白分开。

(2)将巧克力碎隔水加热至融化，将低筋面粉、发粉和盐过筛。

(3)将无盐黄油置于室温回软，加入细砂糖，打至呈乳白色。

(4)将蛋黄打散，分次加入打发好的黄油中拌匀，再加入粉类、巧克力溶液，拌匀成面糊。

(5)将蛋白打发，轻轻拌入面糊中，再倒入模具中，放入已预热的烤箱，用180℃烘焙50分钟即可。

芝麻黄油蛋糕

用松饼粉做免烤黄油杯子蛋糕

材料

17 cm x 8 cm的长方形烤模1个

无盐黄油………100克
蜂蜜……………2汤匙
鸡蛋……………2个
松饼粉…………130克
黑芝麻粉………20克

做法

(1)将无盐黄油置于室温回软，打至呈乳白色，加入蜂蜜拌匀。

(2)分3次加入打散的鸡蛋液拌匀。

(3)筛入松饼粉、黑芝麻粉，以切拌法拌匀。

(4)倒入模具中，放入已预热的烤箱，用170℃烘焙40分钟即可。

将蛋黄与蛋白分开搅拌，并选用色拉油替代黄油，赋予戚风蛋糕与众不同的轻柔口感。香兰的清香和蛋糕的轻柔互相衬托，别有一番滋味！

烘焙

香兰戚风蛋糕

烘焙时间 35分钟

温度 180℃

材料

7寸戚风蛋糕烤模1个

蛋黄……………3个
细砂糖…………70克
色拉油…………30克
椰浆……………60克
香兰香油………1茶匙
低筋面粉………80克
发粉……………1/2茶匙
蛋白……………4个

做法

1 拌匀蛋黄和细砂糖

将蛋黄打散，分 3 次加入 20 克细砂糖，搅拌至浓稠且呈柠檬色。

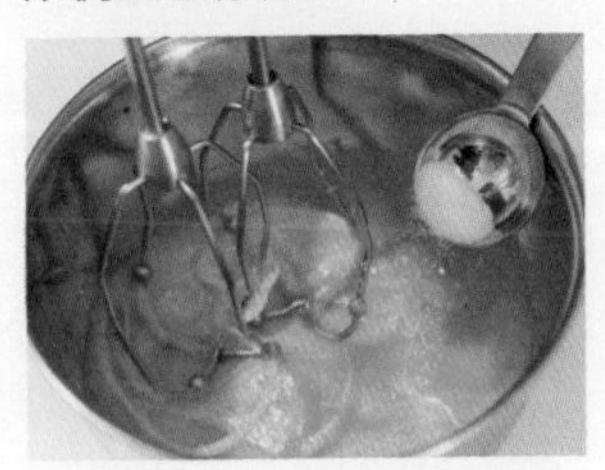

2 加入油类

加入色拉油拌匀，再加入椰浆和香兰香油拌匀。

3 筛入粉类

分 2 次筛入低筋面粉和发粉，拌匀成面糊。

4 拌入蛋白霜

将蛋白和 50 克细砂糖拌匀，充分打发，分 3 次倒入蛋黄面糊中，用切拌法拌匀。

5 倒入模具中烘焙

将面糊倒入模具中，放入已预热的烤箱，用 180℃烘焙 35 分钟即可。

将面糊放入模具后，模具需在桌面上轻敲 3 ~ 4 下，以震破内部气泡，这样烤出来的蛋糕才不会有大小孔洞。

戚风蛋糕如何脱模？

1. 蛋糕出炉后先将模具倒扣在红酒瓶（或其他瓶状容器）上，放凉，以避免蛋糕塌陷。
2. 用抹刀从模具边缘与蛋糕间插入，顺着边缘移动，绕行一圈，再沿中间筒状孔洞同样绕行一圈，即可脱模。

青柠戚风蛋糕

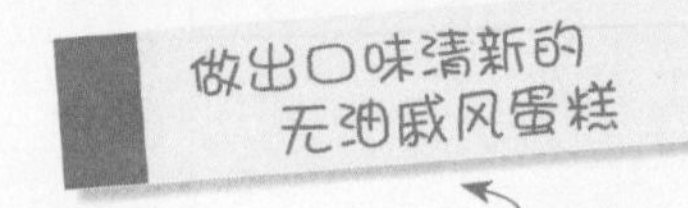

加入一点点青柠汁

材料

7寸戚风蛋糕烤模1个

蛋黄……………3个
细砂糖……………80克
青柠汁……………3汤匙
青柠皮蓉……………1茶匙
水……………125毫升
低筋面粉……………100克
发粉……………1/4茶匙
蛋白……………5个

做法

（1）将低筋面粉和发粉过筛。

（2）将蛋黄和40克细砂糖混合，打至呈奶油状，加入青柠汁、青柠皮蓉、水和粉类，拌匀成面糊。

（3）将蛋白打至起泡，加入40克细砂糖，充分打发，分3次加入面糊中，用切拌法轻轻拌匀。

（4）倒入模具中，放入已预热的烤箱，用180℃烘焙35分钟即可。

红茶戚风蛋糕

戚风蛋糕的轻柔
遇上红茶的浓香

简直是天作之合

材料

7寸戚风蛋糕烤模1个

鸡蛋……………4个
细砂糖……………100克
红茶茶叶……………50克
玉米油……………2汤匙
低筋面粉……………100克
发粉……………1/2茶匙
热水……………160毫升

做法

（1）将红茶茶叶用热水浸泡3分钟，滤去茶叶，置于室温待凉。

（2）将蛋白和蛋黄分开，取蛋黄，加入60克细砂糖，打至呈浅黄色，加入红茶水和玉米油拌匀，筛入低筋面粉和发粉，拌匀成面糊。

（3）将蛋白打至起泡，加入40克细砂糖，充分打发，分3次拌入面糊中。

（4）将面糊拌匀后倒入模具中，放入已预热的烤箱，用190℃烘焙35分钟即可。

面糊为什么会发不起来?

这可能是由蛋白霜发泡程度不够引起的。请参照p58“蛋白怎样打发才不会失败？”，打至六成发，呈锥状、泡沫细密的蛋白霜。将蛋白霜和面糊拌匀时，注意动作要轻，不要弄破泡沫。蛋糕烤好之后，要马上倒扣过来放凉。

巧克力戚风蛋糕

加入可可粉和淡奶油

赋予戚风蛋糕浓郁口感

材料

8寸戚风蛋糕烤模1个

鸡蛋..............6个
细砂糖............150克
低筋面粉..........150克
杏仁粉............50克
可可粉............80克
淡奶油............200克

做法

(1) 将蛋白和蛋黄分开，取蛋黄，加入50克细砂糖，打至呈浅黄色，筛入低筋面粉、杏仁粉和可可粉，拌匀成面糊。

(2) 将蛋白打至起泡，加入100克细砂糖，充分打发，分3次拌入面糊中。

(3) 用小火加热淡奶油，熄火后加入面糊中拌匀。

(4) 倒入模具中，放入已预热的烤箱，用190℃烘焙25分钟即可。

蛋糕中间为什么会出现很大的空洞？

这通常是因为蛋白霜和面糊没有拌匀，所以搅拌时一定要注意，以看不见蛋白霜的白色线条为标准；还要记得在将面糊倒入模具后，把模具放在桌面上轻敲几下，把空气震出来。

提子干戚风蛋糕

用松饼粉也能做戚风蛋糕

材料

7寸戚风蛋糕烤模1个

鸡蛋..............3个
细砂糖............70克
色拉油............2汤匙
热水..............40毫升
提子干............50克
松饼粉............70克

做法

(1) 将蛋黄和蛋白分开，取蛋黄，加入30克细砂糖，搅拌至呈浅黄色。将色拉油和热水混合，倒入蛋黄液拌匀，再倒入提子干拌匀。

(2) 筛入松饼粉，拌匀成面糊。

(3) 将蛋白打至起泡，加入40克细砂糖，充分打发，分3次拌入面糊中。

(4) 倒入模具中，放入已预热的烤箱，用170℃烘焙35 ~ 45分钟即可。

PART 2

人气糕饼

布朗尼

布朗尼是 Brownies 的音译，是一种介于蛋糕和饼干之间的甜点，通常情况下被归为黄油蛋糕。它表面松脆，内里扎实，香味浓郁，是美国家庭的常见点心。布朗尼以巧克力为主要原料，一般会添加核桃、提子干等作配料，亦可搭配冰激凌盛盘。

芝士蛋糕

这款起源于古希腊的甜点，在美国得到改良，随后风靡全球。芝士蛋糕口感润泽，质地绵软，其基本材料是芝士、细砂糖、低筋面粉、鸡蛋和黄油，通常会用消化饼作饼底。从做法上来说，可将它分为热烤型和冷藏型，前者口感浓厚，后者口感较清爽，且做法简单，不需要入烤箱，用一点点鱼胶粉就可以成型。

尝试了基础蛋糕的制作后，是不是觉得烘焙其实一点都不难？接下来就来挑战一下外形更抢眼、口味更丰富的人气糕饼吧！本章集结了市面上比较受欢迎的四种蛋糕类型，包括巧克力爱好者的挚爱布朗尼、颇受男生欢迎的芝士蛋糕、充满梦幻气息的慕斯蛋糕和偶像剧里的常客奶油蛋糕。相信通过本章的学习，你很快就能做出媲美蛋糕店的“专业级”甜品！

慕斯蛋糕

慕斯的英文名叫 Mousse，诞生于美食之都巴黎，其主要做法是将淡奶油和蛋白充分发泡，再以鱼胶粉凝结，做出轻盈柔软、入口即化的口感。慕斯只需冷藏，不需要烘烤，是夏日首选的清凉甜品。

奶油蛋糕

奶油蛋糕通常以基础海绵蛋糕为底，再涂抹上发泡奶油，辅以水果、巧克力、饼干等材料，变化出不同口味和造型。相较于芝士蛋糕、慕斯蛋糕，奶油蛋糕的制作过程更为复杂，且装饰技巧要求高，不过可发挥创意的空间也更大！

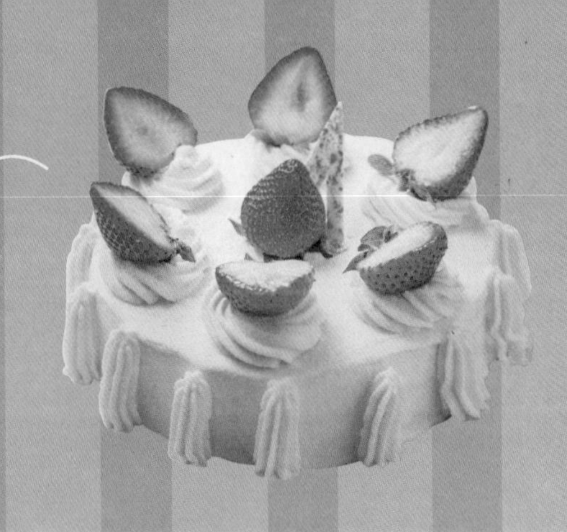

混合了巧克力和可可粉，口感轻盈，味道浓郁，制作方法简单，是新手必试的零失败甜点！

烘焙

巧克力布朗尼

烘焙时间 20分钟

温度 180℃

材料

20 cm x 20 cm 的方形烤模 1 个

鸡蛋	3个	发粉	3克
黑糖	120克	可可粉	48克
黑巧克力	200克	香草香油	1茶匙
无盐黄油	100克	巧克力酱	适量
低筋面粉	120克		

做法

> 加热无盐黄油和黑巧克力时要多留意温度，若温度过高，会造成油水分离。

1 融化黑巧克力和无盐黄油

将黑巧克力和无盐黄油隔水加热至融化，拌匀待用。

> 若使用冰凉的鸡蛋，巧克力会凝固，因此要使用恢复至室温的鸡蛋。

2 拌匀鸡蛋和巧克力溶液

将鸡蛋和黑糖混合，搅拌至出现细小泡沫，加入巧克力溶液拌匀。

3 筛入粉类

筛入低筋面粉、发粉、可可粉，再加入香草香油，拌匀成面糊。

4 倒入模具中烘焙

把面糊倒入模具中，抹平表面，放入已预热的烤箱，用 180℃烘焙 20 分钟，待凉后淋上巧克力酱，凝固即可。

哪一种巧克力适合做甜点?

烘焙用的巧克力，通常建议购买烘焙店内可可含量高，细砂糖、牛奶等其他成分较少的调温巧克力，也可以直接在超市购买薄巧克力砖，最好选择牛奶巧克力或者黑巧克力。

核桃布朗尼

享受带咀嚼感的香脆滋味

加入核桃仁

材料

20 cm x 20 cm 的方形烤模 1 个

鸡蛋……3个
细砂糖……150克
黑巧克力……200克
无盐黄油……140克
盐……1/4小匙
低筋面粉……120克
可可粉……4茶匙
核桃仁……80克
巧克力酱……适量

做法

（1）将黑巧克力和无盐黄油隔水加热至融化，加入盐拌匀，待用。

（2）将鸡蛋和细砂糖混合，搅拌至出现细小泡沫，加入巧克力溶液拌匀。

（3）筛入低筋面粉、可可粉，拌匀成面糊。

（4）将核桃仁切碎，以170℃烤8～10分钟，加入面糊中拌匀。

（5）倒入模具中，抹平表面，放入已预热的烤箱，用170℃烘焙30分钟，取出待凉后淋上巧克力酱即可。

酒香提子干布朗尼

用朗姆酒浸泡过的提子干，与巧克力搭配

散发出香浓的风味

材料

18 cm x 18 cm 的方形烤模 1 个

鸡蛋……2个
细砂糖……80克
黑巧克力……200克
无盐黄油……100克
低筋面粉……50克
可可粉……1汤匙
提子干……60克
朗姆酒……3汤匙
糖霜……适量

做法

（1）将黑巧克力和无盐黄油隔水加热至融化，提子干用朗姆酒浸泡，待用。

（2）将鸡蛋和细砂糖混合，搅拌至出现细小泡沫，加入巧克力溶液拌匀。

（3）筛入低筋面粉、可可粉，以切拌法拌匀成面糊。

（4）加入用朗姆酒浸泡过的提子干拌匀。

（5）倒入模具中，抹平表面，放入已预热的烤箱，用170℃烘焙30分钟，取出待凉后撒上糖霜即可。

大理石布朗尼

香浓的巧克力搭配丝滑的芝士

浓得化不开的滋味，让人惊艳

材料

20 cm x 20 cm的方形烤模1个

芝士糊

蛋白…………………2个
细砂糖………………40克
奶油芝士……………170克

巧克力糊

无盐黄油……………150克
黑巧克力……………250克
细砂糖………………120克
鸡蛋…………………3个
低筋面粉……………135克

做法

（1）制作芝士糊：将蛋白和细砂糖混合，打发成蛋白霜，加入奶油芝士拌匀。

（2）制作巧克力糊：将无盐黄油和黑巧克力隔水加热至融化，离火，加入细砂糖拌匀，再分次加入鸡蛋拌匀，筛入低筋面粉，拌匀成面糊。

（3）把一半巧克力糊倒入模具中，摇晃至表面平整，再依次倒入芝士糊和另一半巧克力糊，顺时针搅拌，形成云石花纹。

（4）放入已预热的烤箱，用160℃烘焙30 ~ 40分钟，冷却后再切成小块即可。

布朗尼杯子蛋糕

材料

直径2.75寸的纸杯7～8个

鸡蛋…………………2个
细砂糖………………80克
低筋面粉……………90克
可可粉………………1汤匙
发粉…………………1/2茶匙
无盐黄油……………120克
核桃…………………40克
巧克力碎……………40克

做法

（1）将低筋面粉、可可粉和发粉拌匀，过筛；无盐黄油用小火加热3分钟。

（2）将鸡蛋和细砂糖拌匀，加入粉类拌匀，加入无盐黄油溶液，拌匀成光滑面糊。

（3）将核桃切碎，和巧克力碎一起加入面糊中，拌匀。

（4）倒入模具中至七成满，放入已预热的烤箱，用180℃烘焙20分钟即可。

唯有在最原始的味道中，才能品尝到最纯粹且浓郁的芝士香味！芝士只有得到充分的搅拌，成品口感才不会粗糙、起粒，而是绵滑柔软。

烘焙

原味芝士蛋糕

烘焙时间 40分钟

温度 140℃

材料

7寸圆形蛋糕烤模1个

芝士糊

奶油芝士……250克
细砂糖……50克
酸奶油……100克
原味芝士……100克
柠檬汁……1汤匙
鸡蛋……2个

饼底

消化饼干……120克
无盐黄油（已融化）…30克

做法

黄油可以通过隔水加热或以微波炉加热的方式融化。

1 制作饼底

将消化饼干放入厚食品袋里，用擀面杖碾碎，再与无盐黄油溶液混合均匀。

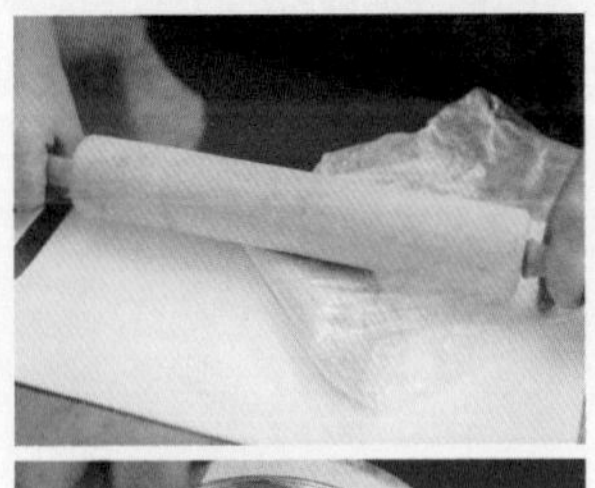

2 将饼底压入模具中

把已处理好的饼干碎倒入蛋糕模内，用汤匙背面压平，再放入冰箱冷藏待用。

芝士要搅拌至柔滑状态后才能加入其他材料。

3 混合芝士、酸奶油

将奶油芝士和细砂糖混合，用搅拌器拌匀，再加入酸奶油、原味芝士、柠檬汁，分次混合均匀。

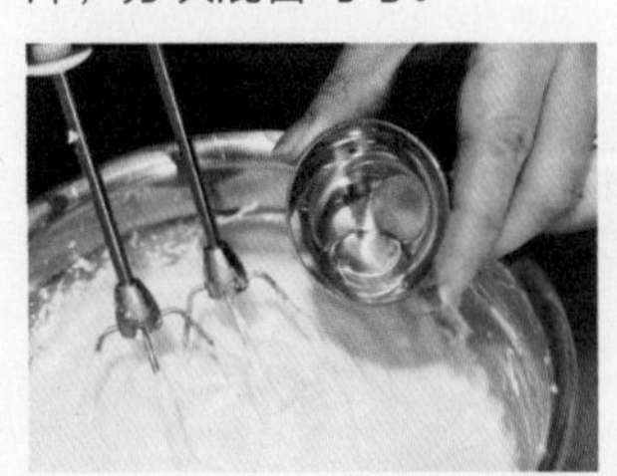

4 加入鸡蛋

分次加入鸡蛋，拌匀。

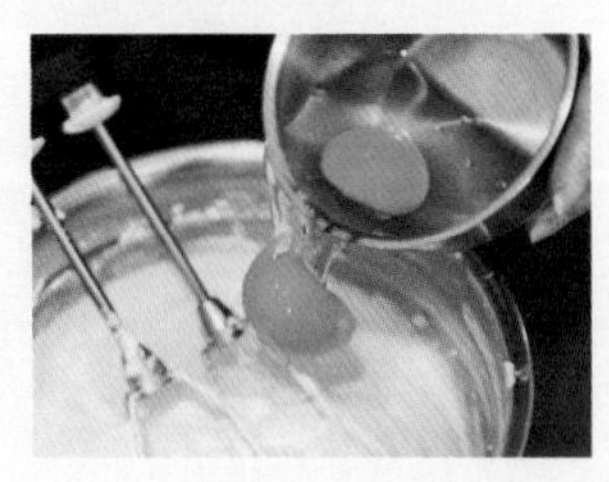

冷藏后，在烤模外围包上温热的毛巾，即可脱模。

5 倒入模具中烘焙

把处理好的芝士糊倒于饼底上，然后放入烤箱，用140℃隔水烘焙40分钟后取出，冷却后放入冰箱冷藏2小时即可。

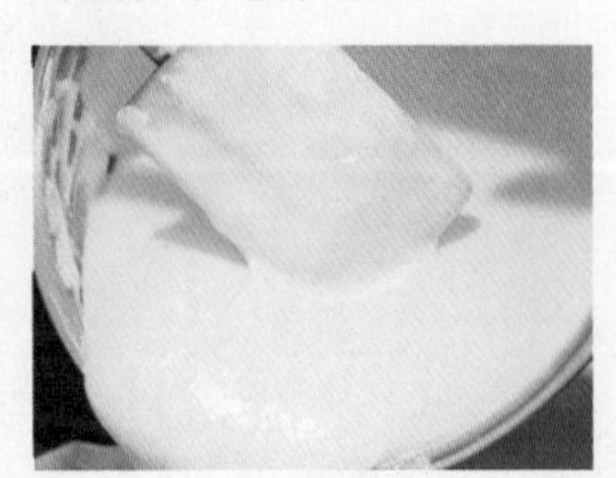

如何烤出没裂痕的芝士蛋糕？

芝士蛋糕的外形与鸡蛋的状态有密切关系，鸡蛋过度膨胀就会导致蛋糕表面出现裂痕。烘焙时如果温度过高，或者蛋糕出炉后突然冷却，都会影响鸡蛋的状态。因此，在制作过程中要控制好温度，具体方法如下：

1. 采用隔水烘焙法：将蛋糕模具放入烤盘，在烤盘内注入热水至三分之二满，再放入烤箱。如果选用活动模具，模具外应包上锡纸，避免水分渗入。
2. 蛋糕烤好后，先将烤盘内的水倒掉，再将蛋糕放回烤箱，并微微打开烤箱的门，让芝士蛋糕在炉内待约20分钟，然后取出并放入冰箱。

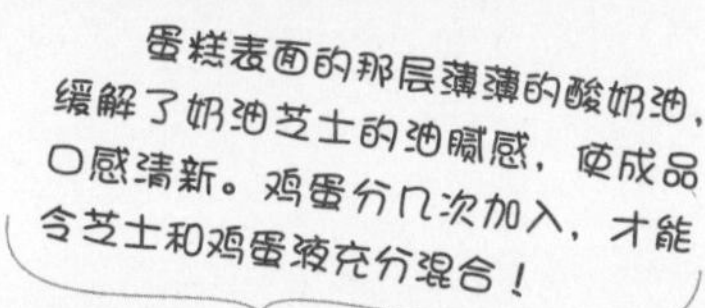

蛋糕表面的那层薄薄的酸奶油，缓解了奶油芝士的油腻感，使成品口感清新。鸡蛋分几次加入，才能令芝士和鸡蛋液充分混合！

烘焙

纽约芝士蛋糕

烘焙时间 55分钟

温度 160℃

材料

7寸圆形蛋糕烤模1个

芝士糊

奶油芝士..........280克
细砂糖............70克
鸡蛋..............2个
柠檬汁...........1茶匙
柠檬皮蓉.......1/2茶匙
无盐黄油(已融化)...60克

饼面

酸奶油............50克
细砂糖............20克

其他

薄荷叶............适量

做法

1 打发奶油芝士

将奶油芝士置于室温回软，加入细砂糖，打至光滑。

将鸡蛋打散后再加入芝士中，可使两者更易融合。

2 加入其他材料

分2次加入打散的鸡蛋液，拌匀，再加入柠檬汁、柠檬皮蓉和无盐黄油溶液拌匀。

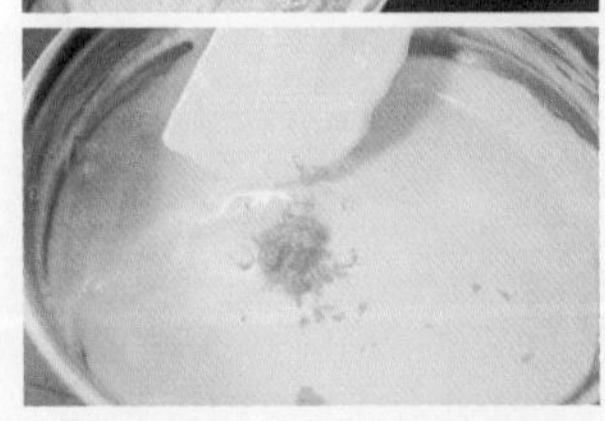

如中途发现蛋糕面已经烘焙至呈深色，可在蛋糕面上放一张锡纸，然后继续烘焙。

3 倒入模具中烘焙

倒入模具中，放入已预热的烤箱，用160℃隔水烘焙50分钟，取出待凉。

烤箱不需要再次预热，这个步骤的目的是用低温将酸奶油烘至凝固和将细砂糖熔化。

4 在表面铺上酸奶油

将酸奶油和细砂糖拌匀，铺在蛋糕表面，抹平。再放回烤箱，用160℃烘焙55分钟，冷却后入冰箱冷藏4小时，再用薄荷叶装饰即可。

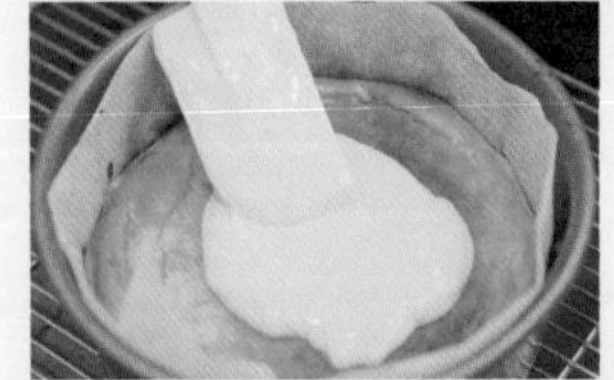

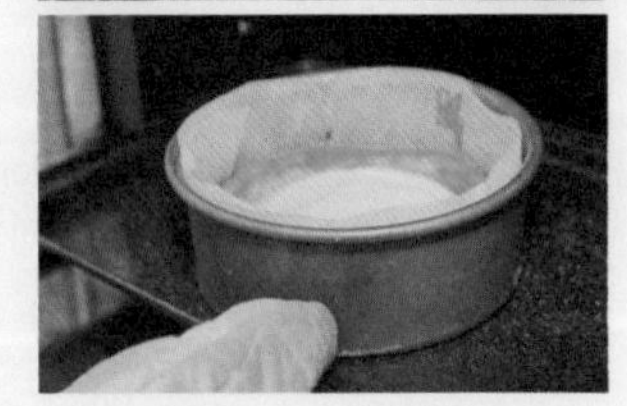

柠檬芝士蛋糕

清香柠檬与
浓味芝士混搭

材料

7寸圆形蛋糕烤模1个

奶油芝士……………250克
无盐黄油……………50克
细砂糖……………150克
低筋面粉……………100克
鸡蛋……………4个
柠檬汁……………3汤匙
柠檬皮蓉……………3汤匙
香草香油……………1/2茶匙

做法

（1）将奶油芝士和无盐黄油置于室温回软，拌匀后加入细砂糖，打至光滑。

（2）筛入低筋面粉，加入剩余材料，拌匀成面糊。

（3）把面糊倒入模具中，抹平表面，放入已预热的烤箱，用170℃隔水烘焙45分钟即可。

加入南瓜蓉

南瓜芝士蛋糕

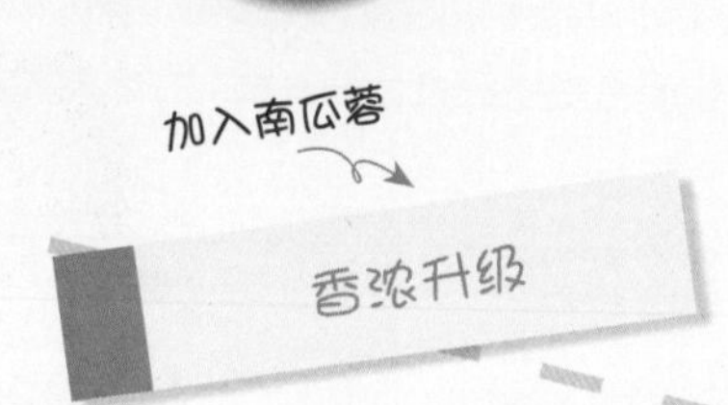

材料

7寸圆形蛋糕烤模1个

巧克力曲奇……………15块
无盐黄油（已融化）……30克
奶油芝士……………250克
细砂糖……………200克
鸡蛋……………3个
南瓜蓉……………4汤匙
巧克力片……………适量

做法

（1）将巧克力曲奇压碎，加入无盐黄油拌匀，倒入模具中，压平后入冰箱冷藏，待用。

（2）将奶油芝士和细砂糖拌匀，打至光滑。

（3）分3次加入鸡蛋拌匀。

（4）加入南瓜蓉拌匀，倒入模具中，放入已预热的烤箱，用160℃隔水烘焙50分钟。蛋糕取出待凉后，用巧克力片装饰即可。

白巧克力芝士蛋糕

白巧克力和芝士搭配

完美至极

材料

7寸圆形蛋糕烤模1个

饼底

消化饼干 120克
无盐黄油(已融化) ... 30克

芝士糊

奶油芝士 250克
香草香油 3滴
细砂糖 70克
鸡蛋 2个
白巧克力 100克

做法

(1) 将消化饼干压碎，加入无盐黄油拌匀，倒入模具中，压平后入冰箱冷藏，待用。
(2) 将白巧克力隔水加热至融化，熄火，晾置待用。
(3) 将奶油芝士置于室温下回软后与香草香油、细砂糖混合，搅拌至顺滑，再加入打散的鸡蛋液拌匀。
(4) 加入白巧克力溶液，用切拌法拌匀。
(5) 倒入模具中，抹平表面，放入已预热的烤箱，用170℃隔水烘焙30分钟即可。

焦糖芝士蛋糕

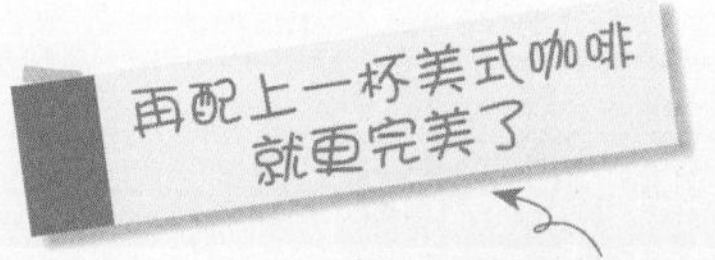

苦中带甜的焦糖搭配浓味的芝士，真是相得益彰

材料

7寸圆形蛋糕烤模1个

饼底

消化饼干 120克
无盐黄油(已融化) ... 30克

芝士糊

奶油芝士 250克
细砂糖 50克
鸡蛋 3个
甜奶油 50克
焦糖酱 50克

做法

(1) 将消化饼干压碎，加入无盐黄油拌匀，倒入模具中，压平后入冰箱冷藏，待用。
(2) 将奶油芝士置于室温回软，加入细砂糖，打至光滑，再分次加入鸡蛋，拌匀成芝士糊。
(3) 将甜奶油煮沸，倒入焦糖酱拌匀，熄火，待凉。
(4) 将冷却后的奶油焦糖酱倒入芝士糊中，拌匀。
(5) 倒入模具中，抹平表面，放入已预热的烤箱，用170℃隔水烘焙40分钟即可。

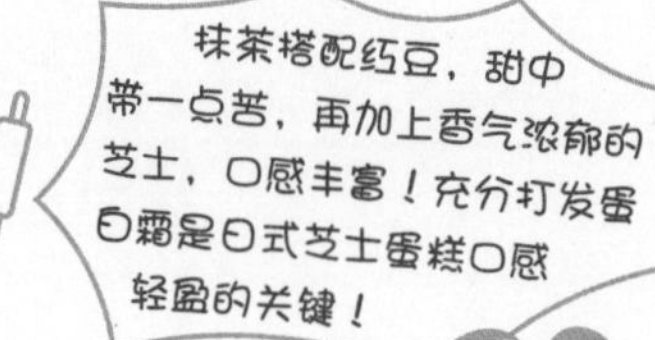

烘焙

日式抹茶红豆芝士蛋糕

材料

6寸圆形蛋糕烤模1个

芝士糊

- 奶油芝士……100克
- 细砂糖……50克
- 蛋黄……1个
- 蛋白……4个
- 塔塔粉……1/4茶匙
- 低筋面粉……25克
- 玉米淀粉……10克
- 绿茶粉……1茶匙
- 蜜红豆……3汤匙

饼底

- 消化饼干……120克
- 无盐黄油(已融化)……40克

做法

1 制作饼底

将消化饼干放于厚食品袋里，用擀面杖碾碎。然后与已融化的无盐黄油混合均匀。接着倒入烤模内，隔着保鲜膜用力压平，再放入冰箱冷藏，待用。

2 打发奶油芝士和蛋白

将奶油芝士打至软身，加入 1/3 的细砂糖，打至光滑，分次加入蛋黄拌匀。将蛋白和塔塔粉混合均匀，再分 3 次加入剩余的细砂糖，打至蛋白挺立而不下垂。

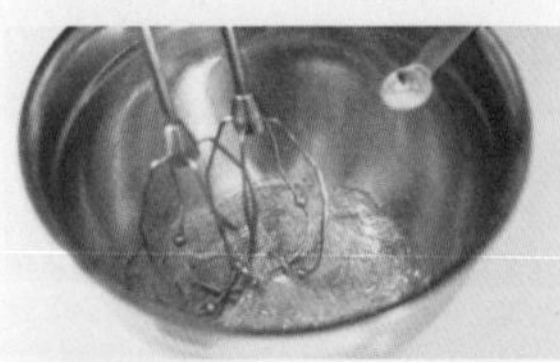

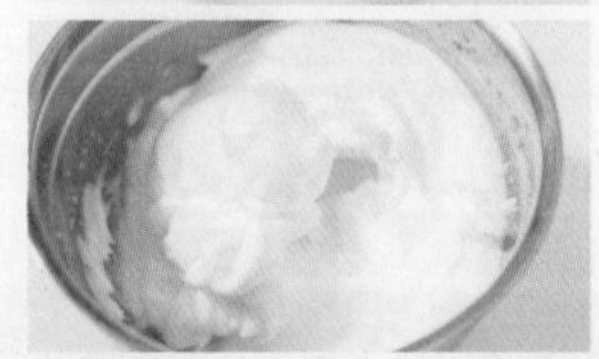

3 混合蛋白霜和芝士糊

分 2 次将蛋白霜拌入芝士糊中，以切拌法拌匀。

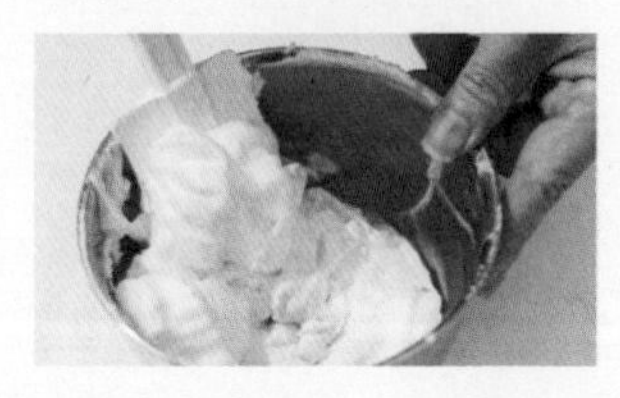

4 加入粉类

将低筋面粉、玉米淀粉、绿茶粉混合，过筛后倒入芝士糊中，拌匀面糊。

5 倒入模具中

将面糊分为三份，取一份倒入模具内，撒上蜜红豆。再重复此步骤一次，然后倒入第三份面糊，抹平表面。

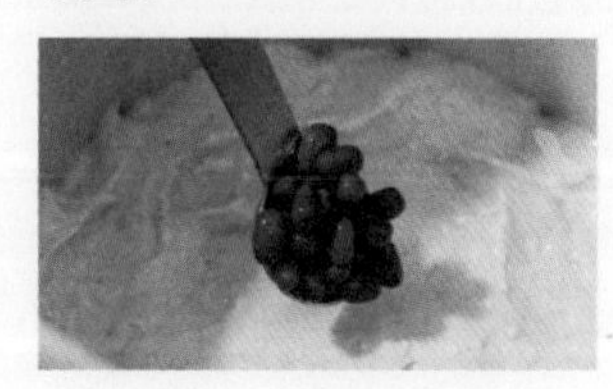

6 入炉烘焙

放入已预热的烤箱，用 180℃隔水烘焙 30 分钟后用 170℃烘焙 25 ~ 30 分钟。蛋糕稍微放凉后脱模，再放入冰箱冷藏 4 小时即可。

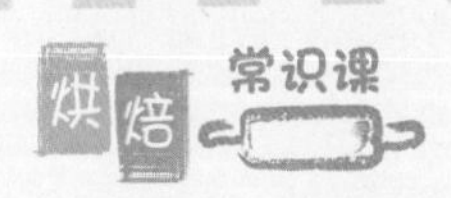

日式芝士蛋糕的轻盈口感从何而来？

与美式芝士蛋糕的口感扎实、口味浓厚不同，日式芝士蛋糕口感轻盈、细腻，一是由于添加了低筋面粉和玉米淀粉，降低了面糊的筋性；二是由于拌入了蛋白霜，使蛋糕的内部形成极细的气孔。因此，要做出好的日式芝士蛋糕，打发蛋白和拌入蛋白霜的过程非常重要。

经典日式芝士蛋糕

经典原味，甜而不腻，多吃几口也不怕发胖

材料

6寸圆形蛋糕烤模1个

奶油芝士..........100克
蛋黄...............3个
淡奶油............60克
玉米淀粉..........15克
蛋白...............2个
细砂糖............40克

做法

（1）将奶油芝士打至软身，加入蛋黄拌匀，加入淡奶油和玉米淀粉拌匀。

（2）将蛋白打至起泡，分3次加入细砂糖，充分打发。

（3）将奶油溶液和蛋白霜拌匀，倒入模具中，放入已预热的烤箱，用160℃隔水烘焙40分钟。蛋糕出炉待凉后脱模，再放入冰箱冷藏4小时即可。

蛋白怎样打发才不会失败？

首先，蛋白一定要冷藏的。第二，细砂糖要分3次加入。先将蛋白打至出现泡沫，然后加入适量细砂糖，再继续打发，至蛋白开始变滑，加入第二次细砂糖，待蛋白快打发好时，加入剩余的细砂糖，最后将蛋白打发好，否则蛋白霜会转化为液状。

黑芝麻芝士蛋糕

黑芝麻酱与芝士的创意搭配

营养又美味

材料

7寸圆形蛋糕烤模1个

芝士糊

奶油芝士..........250克
黑芝麻酱..........100克
淡奶油............80克
鲜奶.............60毫升
玉米淀粉..........30克
蛋黄...............4个
蛋白...............5个
细砂糖...........100克

饼底

消化饼干..........150克
无盐黄油（已融化）...50克
黑芝麻粒..........30克

做法

（1）将消化饼干压碎，加入无盐黄油和黑芝麻粒拌匀，倒入烤模内，压平，入冰箱冷藏，待用。

（2）将奶油芝士打至软身，加入黑芝麻酱、淡奶油，隔水加热，拌匀成芝士糊。

（3）将鲜奶和玉米淀粉拌匀，加入芝士糊中，再分3次加入打散的蛋黄拌匀。

（4）将蛋白打至起泡，加入细砂糖，充分打发，再分3次加入芝士糊中，用切拌法拌匀。

（5）倒入模具中，放入已预热的烤箱，用160℃隔水烘焙40分钟。蛋糕出炉待凉后脱模，再放入冰箱冷藏4小时即可。

蜂蜜柚子芝士蛋糕

加入蜂蜜柚子酱

口味清新，一尝难忘

材料

6寸圆形蛋糕烤模1个

奶油芝士..........150克
鸡蛋..................4个
牛奶.............100毫升
蜂蜜柚子酱........60克
细砂糖..............60克
低筋面粉...........60克
玉米淀粉...........30克

做法

（1）将奶油芝士置于室温回软，蛋白和蛋黄分离，待用。

（2）将奶油芝士打至软身，依次加入蛋黄、牛奶、蜂蜜柚子酱，拌匀成芝士糊。

（3）将蛋白打至略起泡，分3次加入细砂糖，充分打发，再分3次加入芝士糊中，用切拌法拌匀。

（4）筛入低筋面粉和玉米淀粉，拌匀成面糊。

（5）将面糊倒入模具中，放入已预热的烤箱，用150℃隔水烘焙60分钟。蛋糕出炉待凉后脱模，再放入冰箱冷藏4小时即可。

榴莲芝士蛋糕

加入榴莲

材料

7寸圆形蛋糕烤模1个

奶油芝士..........200克
牛奶...............80毫升
玉米淀粉...........60克
酸奶...............100克
无盐黄油...........60克
鸡蛋..................4个
榴莲肉............200克
细砂糖..............75克

做法

（1）将奶油芝士置于室温回软，榴莲肉压成榴莲蓉，蛋黄和蛋白分离，待用。

（2）将奶油芝士打至软身，依次加入牛奶、玉米淀粉、酸奶、无盐黄油，拌匀成芝士糊，再加入打散的蛋黄拌匀。

（3）加入榴莲蓉拌匀，过筛，滤去杂质。

（4）将蛋白打至略起泡，分3次加入细砂糖，充分打发，再分3次加入芝士糊中，用切拌法拌匀。

（5）将芝士糊倒入模具中，抹平表面，放入已经预热的烤箱，用160℃隔水烘焙70分钟。蛋糕出炉待凉后脱模，再放入冰箱冷藏4小时即可。

香醇的奶油芝士与微酸的原味芝士搭配，再加入发泡奶油，十分清爽可口。不用烤箱也可以制作哦！

冷藏

原味芝士冻饼

冷藏时间
3小时

材料

7寸圆形蛋糕烤模1个

芝士糊

奶油芝士..........250克
细砂糖..........50克
柠檬汁..........1汤匙
原味芝士..........65克
鱼胶粉..........8克
水..........2汤匙
淡奶油..........125克

饼底

消化饼干..........120克
无盐黄油(已融化)...40克

做法

如果想换一种口感，饼底可以改用玉米片代替消化饼干，玉米片也要碾碎才行。

1 制作饼底

将消化饼干放入厚食品袋里，用擀面杖碾碎。加入无盐黄油混合均匀。倒入蛋糕模内，隔着保鲜膜用力压平，再放入冰箱冷藏，待用。

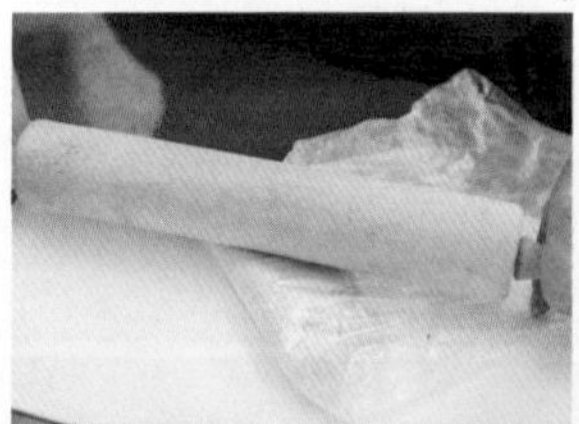

奶油芝士要先置于室温回软，以便于打发。

2 制作芝士糊

将奶油芝士、细砂糖混合，搅拌至软身，再各分2次加入柠檬汁、原味芝士，拌匀。

3 加入鱼胶粉

鱼胶粉用2汤匙水溶解后倒入芝士糊里，再迅速拌匀。

淡奶油需要在低温下打发，事先要放于冰箱冷藏，或隔冰水打发。具体方法见 p90。

4 加入发泡奶油

将淡奶油打至七成发，分2次加入芝士糊中拌匀。

入冰箱前，可在模具底部敲打几下，以震破其中的气泡。

5 倒入模具中冷藏

倒入模具中，抹平表面，入冰箱冷藏3小时即可。

如何浸泡鱼胶粉？

通常情况下，在制作前将鱼胶粉倒入指定分量的水里，搅拌后静置5分钟，让其充分膨胀，待要使用时，再将它隔水加热至溶化。也可以将鱼胶粉直接倒入热的液体中搅拌，或是用微波炉加热后再加入其他材料中。

蓝莓微酸之中带着清甜，和奶油芝士的香醇搭配，形成绝妙的平衡。除了直接加入蓝莓酱外，在芝士糊中添加蓝莓原粒，可使成品口感更丰富！

冷藏

蓝莓芝士冻饼

冷藏时间
3小时

材料

7寸圆形蛋糕烤模1个

芝士糊
奶油芝士……250克
细砂糖……50克
蓝莓酱……60克
淡奶油……200克
鱼胶粉……6克
水……24毫升

饼底
巧克力饼干……200克
无盐黄油（已融化）……50克

其他
蓝莓……适量
红莓……适量
双色饼干卷……适量

做法

1 制作饼底

将巧克力饼干压碎，加入无盐黄油拌匀，压入蛋糕模中，待用。

若希望提升芝士蛋糕的口感，可在芝士糊内加入少许蓝莓原粒。

2 制作蓝莓芝士糊

将奶油芝士与细砂糖混合，打至光滑，加入蓝莓酱拌匀。

3 加入发泡奶油

将淡奶油打至七成发，分2次加入蓝莓芝士糊中拌匀。

4 加入鱼胶粉

将鱼胶粉与水混合，隔热水搅拌至鱼胶粉溶化，加入芝士糊中，搅拌至浓稠。

5 倒入模具中冷藏

倒入模具中，抹平表面，入冰箱冷藏3小时至凝固，再于表面铺满蓝莓，最后用蓝莓、红莓、双色饼干卷装饰即可。

柠檬芝士冻饼

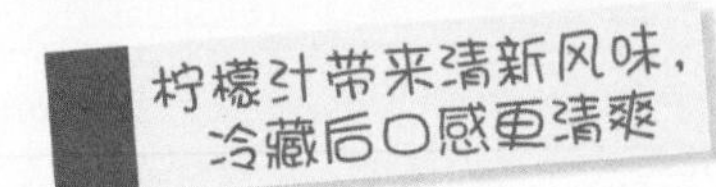

材料

7寸圆形蛋糕烤模1个

芝士糊

奶油芝士……250克
细砂糖……80克
柠檬汁……1汤匙
淡奶油……200克
鱼胶粉……8克

柠檬酱

柠檬……1个
细砂糖……50克
水……适量

饼底

消化饼干……120克
无盐黄油(已融化)……30克

做法

(1) 将消化饼干放入厚食品袋里，用擀面杖碾碎，加入已融化的无盐黄油拌匀。然后倒入蛋糕模内，隔着保鲜膜用力压平，再放入冰箱冷藏，待用。

(2) 将奶油芝士、80克细砂糖混合，搅拌至软身，加入柠檬汁，打至光滑。

(3) 将淡奶油打至七成发，分3次加入柠檬芝士糊中拌匀。

(4) 将鱼胶粉隔热水搅拌至溶化，待稍凉后加入芝士糊中拌匀，再倒入模具中，入冰箱冷藏4小时。

(5) 将柠檬连皮切薄片，和50克细砂糖、水入锅煮至黏稠，熄火，入冰箱冷藏，待食用时淋在芝士冻饼表面即可。

豆腐芝士冻饼

材料

6寸圆形蛋糕烤模1个

奶油芝士……70克
细砂糖……15克
豆腐花……180克
淡奶油……120克
鱼胶粉……7克
水……70毫升
蛋糕……1片

做法

(1) 将豆腐花滤去水分，鱼胶粉和水隔热水搅拌至鱼胶粉溶化。

(2) 将奶油芝士打至软身，加入细砂糖拌匀，加入豆腐花拌匀。

(3) 将淡奶油打发至七成发，分2次加入芝士糊中拌匀，再加入鱼胶溶液拌匀。

(4) 把蛋糕铺在模具底部，倒入奶油芝士糊，抹平表面，入冰箱冷藏3小时即可。

巧克力芝士冻饼

加入巧克力浆

口感香浓，回味无穷

材料

7寸圆形蛋糕烤模1个

海绵蛋糕............1片
黑巧克力..........80克
淡奶油..........4汤匙
奶油芝士.........300克
细砂糖............60克
玉米淀粉..........15克
蛋白..............2个

做法

（1）将海绵蛋糕铺入模具底部，待用。

（2）将黑巧克力隔水加热至融化，加入淡奶油，拌匀后待凉。

（3）将奶油芝士和30克细砂糖拌匀，打至发白，加入玉米淀粉，打至光滑。

（4）将蛋白和剩余细砂糖拌匀，充分打发，加入芝士糊和巧克力溶液，拌匀成巧克力糊。

（5）把巧克力糊倒入模具中，抹平表面，放入已预热的烤箱，用160℃隔水烘焙1小时，待凉后入冰箱冷藏3小时即可。

芒果镜面芝士冻饼

用啫喱镜面作装饰

表面光洁，美味可口

材料

7寸圆形蛋糕烤模1个

芒果..............3个
芒果啫喱粉........35克
鱼胶粉............10克
热水..........125毫升
奶油芝士.........250克
细砂糖............50克
淡奶油...........200克
海绵蛋糕...........1片

做法

（1）将芒果去皮、去核，压成蓉；将芒果啫喱粉、5克鱼胶粉用70毫升热水溶解，待凉；剩余鱼胶粉用55毫升热水溶解，待凉。

（2）将奶油芝士和细砂糖混合，打至光滑，加入芒果蓉拌匀。

（3）将淡奶油打至七成发，分3次加入芝士糊中拌匀。

（4）加入鱼胶溶液拌匀。

（5）把海绵蛋糕铺入模具内，倒入芝士糊，抹平表面，入冰箱冷藏4小时，取出后淋上芒果啫喱水，再入冰箱冷藏至凝固即可。

烘焙常识课

啫喱粉、鱼胶粉有何区别？

啫喱粉是以动物胶或其他海藻类食用明胶为原料，添加了果汁或糖而制成的粉末状物质。通常情况下，可用它来制作果冻。鱼胶粉则是提取自动物的一种蛋白凝胶，其使用范围更广，除可用来制作果冻外，也可用来制作慕斯等各类甜点。

沾了咖啡酒的手指饼干，再加上混合了发泡奶油、蛋白霜的芝士糊，轻轻松松就能制作出美味的意式芝士冻饼！

冷藏

提拉米苏

冷藏时间
3小时

材料

17 cm x 8 cm的长方形烤模1个

蛋黄..............4个
细砂糖...........80克
马斯卡彭芝士.....300克
淡奶油..........125克
蛋白..............2个
盐...........1/8茶匙
咖啡.........125毫升
朗姆酒.........40毫升
手指饼干.........适量
可可粉...........适量

做法

1 准备

将马斯卡彭芝士置于室温回软，将咖啡和朗姆酒拌匀成咖啡酒。

打发时先用打蛋器以慢速将蛋黄与糖打匀，待水温升至40℃时离火，再加速打至乳白色。

2 打发蛋黄

将蛋黄和50克细砂糖混合，打至呈乳白色。

3 混合芝士和发泡奶油

将马斯卡彭芝士搅拌至软滑，加入蛋黄液拌匀。将淡奶油打至七成发后与芝士溶液拌匀。

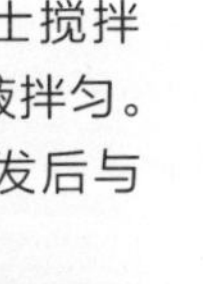

4 加入蛋白霜

将蛋白、30克细砂糖和盐拌匀，打至呈白色泡沫状，再用切拌法拌入芝士溶液中，拌匀。

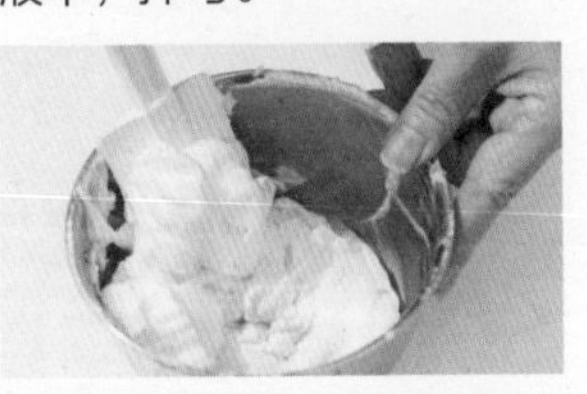

手指饼干在咖啡酒内约浸2秒后即可取出，以免吸收太多水分。

5 放入手指饼干

把手指饼干用咖啡酒略浸后铺在蛋糕模内，再用刷子在其表面刷上咖啡酒。

6 倒入模具中冷藏

将芝士糊倒入模具中，抹平表面，入冰箱冷藏3小时至凝固，然后在表面撒上可可粉即可。

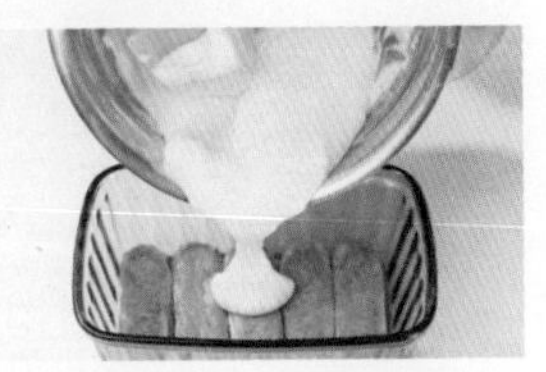

马斯卡彭芝士和奶油芝士有何不同？

马斯卡彭芝士（Mascarpone Cheese）是原产于意大利南部的一种芝士。与奶油芝士相比，它的脂肪含量更高，口感较清爽且软身。它是制作提拉米苏的必要原料，也可用于制作披萨、意大利烩饭等意式料理。

百利甜酒芝士饼

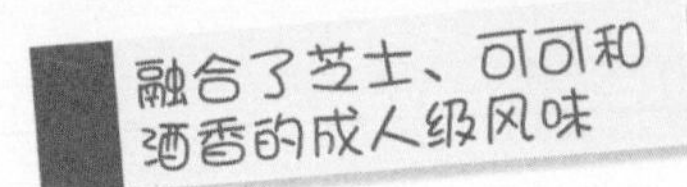

材料

6寸圆形蛋糕烤模1个

无盐黄油..........30克
消化饼干碎........80克
鱼胶粉...........2茶匙
水...............5汤匙
甜奶油............80克
奶油芝士.........200克
细砂糖............40克
可可粉...........1汤匙
百利甜酒.........2汤匙

做法

(1) 将无盐黄油置于室温回软，加入消化饼干碎拌匀，压入蛋糕模内，入冰箱冷藏过夜。

(2) 将鱼胶粉和水隔热水搅拌至鱼胶粉溶化，甜奶油打发，待用。

(3) 将奶油芝士、细砂糖和可可粉拌匀，打至软滑。

(4) 依次加入鱼胶溶液、打发好的甜奶油、百利甜酒拌匀，倒入模具中，入冰箱冷藏至凝固即可。

玫瑰蜂蜜芝士蛋糕

玫瑰果露的芳香，
植物糖浆的甜美

搭配芝士的微酸风味，
口感丰富

材料

6寸圆形蛋糕烤模1个

蛋糕...............1片
奶油芝士.........120克
鱼胶粉...........2茶匙
温水.............2汤匙
鱼胶片............10克
淡奶油...........160克
细砂糖...........1汤匙
玫瑰果露.........3汤匙
石榴糖浆.........1茶匙
蜂蜜.............2汤匙
冷水...........125毫升
干玫瑰花（食用）...1汤匙

做法

(1) 将蛋糕置于模具中，奶油芝士置于室温回软，鱼胶粉和温水拌匀，鱼胶片泡软后隔热水搅拌至溶化，将淡奶油和细砂糖打至浓稠，待用。

(2) 将玫瑰果露、石榴糖浆和1汤匙蜂蜜拌匀，加入奶油芝士，打至光滑。

(3) 加入淡奶油和鱼胶片溶液，拌匀后倒入模具中，入冰箱冷藏至凝固。

(4) 将冷水煮沸，加入干玫瑰花煮5分钟，熄火后加入1汤匙蜂蜜和鱼胶粉溶液，拌匀后用汤匙淋在蛋糕表面，入冰箱冷藏至凝固即可。

乳酸菌芝士冻饼

加入乳酸菌饮品

材料

7寸圆形蛋糕烤模1个

原味海绵蛋糕……1片
淡奶油……200克
奶油芝士……250克
细砂糖……70克
乳酸菌饮品……125毫升
鱼胶粉……7克
水……2汤匙

做法

(1) 将原味海绵蛋糕放入模具中，待用。
(2) 将淡奶油打至六成发，入冰箱冷藏，待用。
(3) 将奶油芝士和细砂糖混合，打至光滑，分3次加入乳酸菌饮品拌匀。
(4) 将鱼胶粉和水隔热水搅拌至鱼胶粉溶化，加入芝士糊中拌匀。
(5) 分3次加入发泡淡奶油，用切拌法拌匀，再倒入模具内，入冰箱冷藏4小时至凝固即可。

奶茶芝士冻饼

材料

6寸圆形蛋糕烤模1个

芝士糊
红茶茶包……1个
热水……100毫升
鱼胶粉……7克
牛奶……150毫升
奶油芝士……250克
细砂糖……50克

饼底
消化饼干……60克
无盐黄油(已融化)……20克

做法

(1) 将消化饼干放入厚食品袋里，用擀面杖碾碎，加入已融化的无盐黄油拌匀，然后倒入模具中，隔着保鲜膜用力压平，再放入冰箱冷藏，待用。
(2) 用热水泡红茶茶包，待红茶水凉后去除茶包，倒入用水浸泡过的鱼胶粉，搅拌至鱼胶粉溶化。
(3) 加入牛奶拌匀。
(4) 将奶油芝士置于室温软化，加入细砂糖打至光滑。
(5) 将奶茶溶液分3次倒入芝士糊中，拌匀。
(6) 倒入模具中，入冰箱冷藏4小时以上即可。

用以芒果、西米和西柚为主原料的杨枝甘露做出来的芝士奶油杯也极具港式风味！谨记奶油要在低温下才能成功打发！

冷藏

杨枝甘露芝士奶油杯

冷藏时间
3小时

材料

120毫升的杯子2个

奶油芝士..........10克
鱼胶粉............5克
温水..............20克
细砂糖............30克
芒果汁..........2汤匙
柚子肉..........1汤匙
芒果粒..........2汤匙
熟西米..........1汤匙
甜奶油............50克

做法

1 鱼胶粉溶化

将鱼胶粉和温水隔热水搅拌至鱼胶粉溶化，待用。

2 制作杨枝甘露

将细砂糖和芒果汁拌匀，加入柚子肉、芒果粒和熟西米，拌匀成杨枝甘露。

3 打发甜奶油

将甜奶油打至七成发。

4 混合芝士和其他材料

将奶油芝士置于室温回软，拌至软滑，加入鱼胶溶液、杨枝甘露、发泡奶油拌匀。

5 倒入模具中冷藏

倒入模具中，入冰箱冷藏3小时至凝固，再稍作装饰即可。

马斯卡彭芝士杯

极具意大利风情

马斯卡彭芝士搭配马尔色拉酒

材料

120毫升的杯子6个

马斯卡彭芝士.....250克
细砂糖............50克
马尔色拉酒.......2茶匙
蓝莓.............120克
薄荷叶............适量

做法

(1) 将马斯卡彭芝士与细砂糖混合，搅拌至软滑。

(2) 加入马尔色拉酒，拌匀。

(3) 倒入模具中，加上蓝莓、薄荷叶作装饰即可。

抹茶意大利芝士杯

别有新味

和风抹茶搭配意大利芝士

材料

120毫升的杯子4个

鸡蛋..............1个
细砂糖............30克
马斯卡彭芝士.....100克
淡奶油............50克
抹茶............3汤匙
手指饼干..........2块
白巧克力酒.......2汤匙
抹茶粉..........1茶匙

做法

(1) 将鸡蛋及细砂糖隔温水拌匀。

(2) 加入马斯卡彭芝士以中速打至软滑，再加入淡奶油拌匀。

(3) 将抹茶倒入盘中，将手指饼干浸入至充分吸收。

(4) 将手指饼干铺在模具内，刷上白巧克力酒。

(5) 将芝士糊铺在手指饼干上。

(6) 入冰箱冷藏3 ~ 4小时，食用时撒上抹茶粉即可。

白巧克力柠檬酱芝士杯

柠檬酱与巧克力搭配

酸甜合宜

材料

60毫升的杯子2个

奶油芝士..........40克
细砂糖..............5克
淡奶油............40克
白巧克力..........20克
柠檬酱............适量

做法

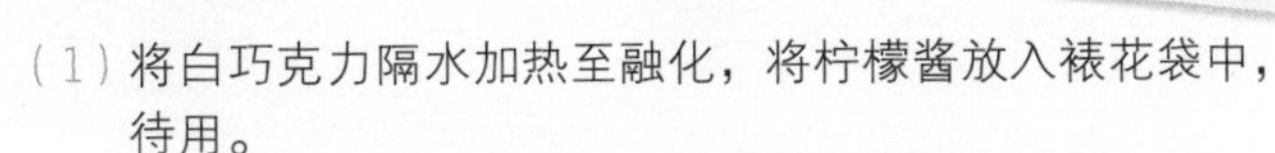

（1）将白巧克力隔水加热至融化，将柠檬酱放入裱花袋中，待用。

（2）将奶油芝士、细砂糖混合，拌匀成芝士糊。

（3）将淡奶油打至七成发，倒入芝士糊中拌匀，加入白巧克力拌匀成巧克力糊。

（4）将巧克力糊倒入模具中，挤入柠檬酱即可。

草莓冻芝士杯

加上草莓啫喱冻

材料

120毫升的杯子6个

奶油芝士.........150克
细砂糖.............80克
原味芝士.........120克
淡奶油............120克
草莓啫喱粉........35克
鱼胶粉..............5克
热水............70毫升

做法

（1）将奶油芝士和40克细砂糖混合，打至软滑，加入原味芝士拌匀。

（2）将淡奶油和40克细砂糖混合，用打蛋器以高速打至六成发，分3次加入芝士糊中拌匀。

（3）将草莓啫喱粉、鱼胶粉溶于70毫升热水中，待凉。

（4）将奶油芝士糊倒入模具中，入冰箱冷藏1小时后取出，淋上啫喱液，再入冰箱冷藏4小时即可。

用荔枝味镜面作装饰，令原味慕斯带有淡淡的果香。慕斯靠鱼胶粉凝固，千万不要偷工减料哦！

冷藏

原味慕斯蛋糕

冷藏时间
4小时

材料

6寸圆形蛋糕烤模1个

淡奶油……………250克
蛋黄………………2个
细砂糖……………80克
鱼胶粉……………6克
牛奶………………80克
海绵蛋糕…………2片

做法

1 打发淡奶油，拌匀蛋黄溶液

将淡奶油与40克细砂糖混合，打至六成发；将蛋黄和40克细砂糖拌匀，待用。

2 加热牛奶，加入鱼胶粉

将鱼胶粉置于水中浸泡，待膨胀后加入已加热的牛奶中搅拌至溶化。

3 加入其他材料

略微放凉后，慢慢冲入蛋黄糊中拌匀，再倒入发泡奶油中，拌匀成慕斯液。

4 倒入模具中冷藏

在蛋糕模中放入一片海绵蛋糕，倒入适量慕斯液，铺上第二片海绵蛋糕，然后倒入剩余的慕斯液，抹平表面，入冰箱冷藏4小时，再稍作装饰即可。

如果你觉得原味慕斯蛋糕颜色太单一，可以在冷藏前淋上一层啫喱作镜面装饰，还可以在脱模后加上巧克力片，变化出更多样的外形和口味。

慕斯要如何搅拌才不会有颗粒物？

慕斯中有颗粒物可能是由奶油和其他溶液没拌匀导致的。通常两种溶液混合要拌匀，必须搅拌至浓稠度相当。若要将鱼胶粉和奶油混合，必须先让鱼胶粉和其他溶液拌匀而呈浓稠状，再和奶油拌匀。

加入酸甜又有益的杂莓芝士，令本来就香滑的慕斯的口感变得更细腻。在蓝莓的处理上花点小心思，也能令蛋糕的口感更特别！

冷藏

杂莓芝士慕斯蛋糕

冷藏时间
4小时

材料

6寸圆形蛋糕烤模1个

草莓	50克	原味芝士	80克
蓝莓	50克	淡奶油	160克
红莓	50克	细砂糖	50克
鱼胶粉	10克	海绵蛋糕	1片

做法

1 准备

将鱼胶粉浸泡于水中，使其吸水膨胀，然后隔热水搅拌至溶化；将各种水果洗净，草莓去蒂，切片，其余水果压成蓉。

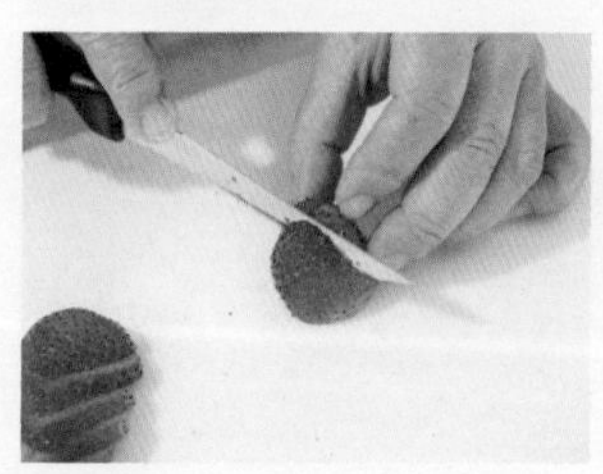

2 制作芝士糊

可以将四分之三的蓝莓压成蓉，余下的蓝莓加少许水同煮，待凉后直接加入慕斯液内，令蛋糕口感更丰富。

将鱼胶溶液倒入水果蓉中，再慢慢倒入原味芝士拌匀。

3 打发淡奶油

将淡奶油和细砂糖混合，打至六成发，倒入芝士糊中，拌匀成慕斯液。

4 倒入模具中冷藏

把海绵蛋糕片放入模具中，在模具周边摆上草莓片，再倒入慕斯液，抹平表面，入冰箱冷藏4小时，最后用蓝莓和红莓（未在材料中列出）装饰即可。

车厘子慕斯蛋糕

娇艳欲滴的车厘子
搭配白兰地

材料

8寸圆形蛋糕烤模1个

车厘子…………250克
细砂糖…………150克
鱼胶片…………15克
水…………2汤匙
白兰地…………2汤匙
甜奶油…………375克
海绵蛋糕…………1片

做法

（1）将车厘子洗净，取肉，打成蓉，加入细砂糖，用小火加热，煮至细砂糖溶化。

（2）将鱼胶片和水隔热水搅拌至鱼胶片溶化，加入车厘子蓉拌匀，加入白兰地，隔冰水拌匀至浓稠。

（3）将甜奶油充分打发，加入步骤（2）的混合物拌匀成慕斯液。

（4）把海绵蛋糕放入模具中，倒入慕斯液，抹平表面，入冰箱冷藏至凝固即可。

加入红豆蓉
和椰子粉

红豆椰子慕斯蛋糕

西方甜点 crossover
东方味道，创意十足

材料

8寸圆形蛋糕烤模1个

曲奇饼干…………300克
无盐黄油…………50克
细砂糖…………50克
水…………7汤匙
椰子粉…………30克
鱼胶片…………10克
淡奶油…………300克
红豆蓉…………200克
椰丝…………适量

做法

（1）将曲奇饼干压碎，加入已置室温回软的无盐黄油拌匀，压入模具中，待用。

（2）将细砂糖和水混合，煮至细砂糖溶化，加入椰子粉，拌匀后熄火待凉。

（3）将鱼胶片泡软，隔热水搅拌至溶化。

（4）将淡奶油略打发，加入红豆蓉后继续打发。

（5）将椰子溶液、鱼胶溶液和红豆奶油拌匀，搅拌至浓稠。

（6）倒入模具中，抹平表面，入冰箱冷藏至凝固，食用时撒上椰丝即可。

黄桃慕斯蛋糕

搭配香甜多汁的黄桃

给你初恋般的滋味

材料

8寸圆形蛋糕烤模1个

鱼胶片............10克
牛奶............20毫升
细砂糖............50克
淡奶油............200克
黄桃............250克

做法

(1) 将鱼胶片泡软，和牛奶、细砂糖一同入锅，用小火煮至细砂糖和鱼胶片溶化后熄火。
(2) 将淡奶油打至六成发。
(3) 将黄桃去核，取肉，打成蓉，加入鱼胶溶液中拌匀。
(4) 加入发泡奶油拌匀，倒入模具中，抹平表面后入冰箱冷藏至凝固即可。

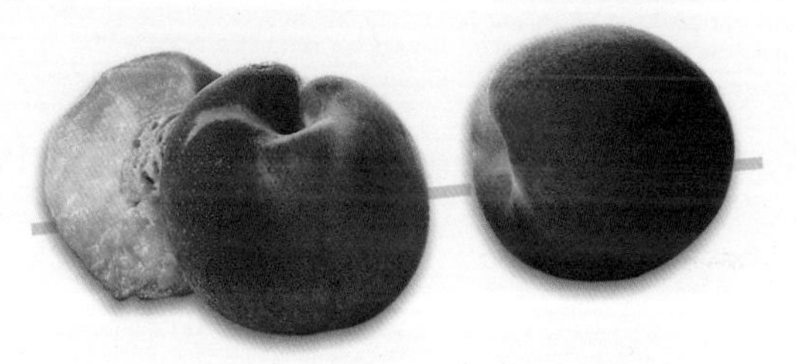

栗子慕斯蛋糕

浓香的栗子搭配
绵软的慕斯

材料

8寸圆形蛋糕烤模1个

鱼胶粉............9克
牛奶............30毫升
无糖栗子蓉.......375克
朗姆酒..........30毫升
淡奶油..........300克
糖粉............40克
海绵蛋糕..........2片
栗子............适量

做法

(1) 将鱼胶粉用牛奶泡发，无糖栗子蓉与朗姆酒混合，待用。
(2) 将淡奶油和糖粉混合，打至六成发，再加入栗子蓉酒拌匀。
(3) 倒入鱼胶牛奶溶液中，拌匀成慕斯液。
(4) 取一片海绵蛋糕放入模具中，倒入适量慕斯液，再铺入另一片海绵蛋糕，倒入剩余慕斯液，抹平表面。
(5) 将栗子切碎，置于蛋糕表面作装饰即可。

从未试过如此清新的蛋糕！将豆腐的味道融入慕斯之中，淡淡的，搭配合谐。用打蛋器搅拌过的豆腐花，令蛋糕更加细滑！

冷藏

豆腐慕斯蛋糕

冷藏时间
4小时

材料

6寸圆形蛋糕烤模1个

消化饼干	100克	淡奶油	200克
无盐黄油	50克	鱼胶粉	6克
豆腐花	200克	水	40毫升
细砂糖	30克	白巧克力碎	适量

做法

1 制作饼底

将消化饼干放入厚食品袋里，用擀面杖碾碎，加入已隔水加热至融化的无盐黄油拌匀，压入蛋糕模中，待用。

2 制作豆腐浆

将豆腐花和细砂糖混合，用打蛋器拌匀。淡奶油略打发，加入豆腐花，拌成豆腐浆。

3 加入鱼胶粉

将鱼胶粉和水混合，隔热水搅拌至鱼胶粉溶化，加入豆腐浆，搅拌至浓稠。

4 倒入模具中冷藏

倒入模具中，抹平表面，入冰箱冷藏4小时，脱模后再撒上白巧克力碎作装饰即可。

乳酸菌慕斯蛋糕

酸酸甜甜更美味

加入乳酸菌饮品

材料

6寸圆形蛋糕烤模1个

柠檬汁............2汤匙
鱼胶粉............12克
淡奶油............160克
细砂糖............80克
乳酸菌饮品.....375毫升
海绵蛋糕...........1片

做法

（1）将柠檬汁和鱼胶粉混合，隔热水搅拌至鱼胶粉溶化，待用。

（2）将淡奶油和细砂糖拌匀，充分打发。

（3）加入乳酸菌饮品和鱼胶溶液拌匀，倒入已铺上海绵蛋糕的模具中，入冰箱冷藏至凝固即可。

太妃酒搭配白巧克力

浓香四溢

太妃白巧克力慕斯蛋糕

材料

8寸圆形蛋糕烤模1个

曲奇饼干.........300克
无盐黄油（已融化）...50克
鱼胶粉...........1汤匙
温水.............2汤匙
甜奶油...........250克
白巧克力.........250克
蛋白..............2个
细砂糖...........2茶匙
太妃酒...........2汤匙
巧克力碎.........适量

做法

（1）将曲奇饼干压碎，加入无盐黄油拌匀，压入蛋糕模中待用。

（2）将鱼胶粉用温水溶化，待用。

（3）用小火加热125克甜奶油，加入白巧克力，搅拌至白巧克力融化后熄火，待凉。

（4）将蛋白、细砂糖和剩余甜奶油拌匀，充分打发，加入白巧克力奶油、太妃酒和鱼胶溶液拌匀。

（5）倒入模具中，抹平表面后入冰箱冷藏至凝固，再撒上巧克力碎即可。

微苦的咖啡搭配
入口即溶的慕斯

无可挑剔

咖啡慕斯蛋糕

材料

6寸圆形蛋糕烤模1个

鸡蛋..............1个
鱼胶粉.........1/2茶匙
热水.............2茶匙
咖啡粉...........1茶匙
咖啡酒...........1茶匙
咖啡浓缩液.......1茶匙
细砂糖............20克
淡奶油...........100克
海绵蛋糕..........1片

做法

(1) 将蛋白、蛋黄分离；将鱼胶粉和1茶匙热水拌匀，再隔热水搅拌至溶解。

(2) 将咖啡粉用1茶匙热水溶解，再加入咖啡酒和咖啡浓缩液拌匀。

(3) 将蛋白打至起泡，再分3次加入细砂糖，充分打发。

(4) 将蛋黄和咖啡溶液混合，隔热水打至呈乳白色，再加入鱼胶溶液拌匀。

(5) 将淡奶油打至六成发，加入咖啡蛋黄溶液，再将蛋白霜分3次拌入，拌匀成慕斯液。

(6) 将海绵蛋糕放入模具中，再倒入慕斯液，抹平表面，入冰箱冷藏至凝固即可。

使用慕斯粉，
轻松做出不同
口味的慕斯

泡沫咖啡慕斯蛋糕

材料

8寸圆形蛋糕烤模1个

鱼胶片............1片
卡布奇诺慕斯粉...400克
甜奶油...........550克
牛奶...........300毫升
黄油蛋糕..........1片

做法

(1) 将鱼胶片隔热水搅拌至溶化，加入卡布奇诺慕斯粉、甜奶油和牛奶，拌至浓稠成慕斯液。

(2) 把黄油蛋糕放入模具中，倒入慕斯液，抹平表面，入冰箱冷藏至凝固即可。

榛子咖啡本来就极受欢迎，再用它制成榛子咖啡口味的慕斯杯，效果也毫不逊色！记住淡奶油要分3次加入，不要太过心急！

冷藏

榛子咖啡慕斯杯

冷藏时间
4小时

材料

120毫升的杯子5～6个

速溶咖啡粉……15克
热水……20毫升
鱼胶粉……6克
温水……适量
蛋黄……2个
细砂糖……50克
淡奶油……300克
榛子酱……20克
咖啡甜酒……40毫升
榛子碎……适量

做法

1 准备

将速溶咖啡粉用热水溶解，待凉，鱼胶粉用温水溶解。

2 制作蛋黄榛子酱

将蛋黄与细砂糖置于锅中，加入50克淡奶油，以中火加热，不断搅拌，直至浓稠，再加入榛子酱、鱼胶溶液、咖啡甜酒拌匀，待用。

一定要待蛋黄榛子酱凉后（温度降至38℃左右），再加入发泡奶油，避免奶油受热溶化。

3 打发淡奶油

将剩余淡奶油打至七成发，分3次加入蛋黄榛子酱中拌匀。

4 倒入模具中冷藏

倒入模具中，入冰箱冷藏至凝固。将咖啡液与鱼胶溶液混合均匀，倒在慕斯表面，撒上榛子碎，入冰箱冷藏至凝固即可。

芒果慕斯杯

色泽鲜黄，赏心悦目，入口即化

加入芒果蓉

材料

120毫升的杯子5～6个

芒果……………1个
细砂糖…………4汤匙
香草香油………少许
淡奶油…………125克
鱼胶粉…………1汤匙
温水……………2汤匙

做法

(1) 将鱼胶粉和温水混合，搅拌至鱼胶粉溶化，待用。

(2) 将芒果洗净，去皮、去核，压成芒果蓉，加入细砂糖和香草香油拌匀。

(3) 将淡奶油打至发泡，加入芒果蓉中，再加入鱼胶溶液拌匀，倒入模具中，入冰箱冷藏至凝固即可。

香蕉芝士慕斯杯

香蕉甘甜，芝士微酸

堪称绝配

材料

120毫升的杯子5～6个

香蕉……………2根
原味芝士………125毫升
甜奶油…………60克
牛奶……………125毫升
鱼胶粉…………1汤匙
温水……………2汤匙

做法

(1) 将鱼胶粉和温水混合，搅拌至鱼胶粉溶化，待用。

(2) 将香蕉去皮，切段。

(3) 加入原味芝士、甜奶油、牛奶，用搅拌机打匀，再加入鱼胶溶液拌匀，入冰箱冷藏至凝固即可。

用慕斯粉轻松制作慕斯杯

巧克力卡士达慕斯杯

材料

120毫升的杯子10个

巧克力慕斯粉.....200克
牛奶..........250毫升
甜奶油..........300克
卡士达奶油.....500毫升
鱼胶粉............5克
水.............3汤匙

做法

(1) 将鱼胶粉和水混合，隔热水搅拌至鱼胶粉溶化，待用。
(2) 将巧克力慕斯粉、牛奶和甜奶油混合，充分打发，加入卡士达奶油拌匀，再加入鱼胶溶液拌匀。
(3) 倒入模具中，入冰箱冷藏至凝固即可。

火龙果慕斯杯

材料

120毫升的杯子10个

巧克力慕斯粉.....400克
甜奶油..........600克
牛奶..........160毫升
鱼胶片............2片
热水............3汤匙
原味海绵蛋糕.......1片
火龙果............1个

做法

(1) 将火龙果去皮，切粒；原味海绵蛋糕切成小片。
(2) 将鱼胶片和热水混合，隔热水搅拌至鱼胶片溶化，待用。
(3) 将巧克力慕斯粉、甜奶油和牛奶拌匀，充分打发，加入鱼胶溶液拌匀成慕斯液。
(4) 将原味海绵蛋糕铺入模具中，倒入慕斯液，抹平表面，入冰箱冷藏至凝固，然后加上火龙果粒作装饰即可。

清蛋糕的鸡蛋香、奶油的淡淡奶香，以及草莓的酸甜刺激，这种搭配清新又美味！要将蛋糕表面的奶油抹得光滑，固定抹刀的位置是关键！

烘焙

草莓奶油蛋糕

烘焙时间 20分钟

温度 180℃

材料

6寸圆形蛋糕烤模1个

原味海绵蛋糕底

鸡蛋……………3个

细砂糖…………70克

低筋面粉………80克

无盐黄油………30克

发泡奶油

淡奶油…………250克

细砂糖…………25克

其他

草莓……………1盒

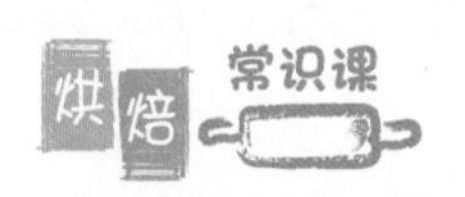

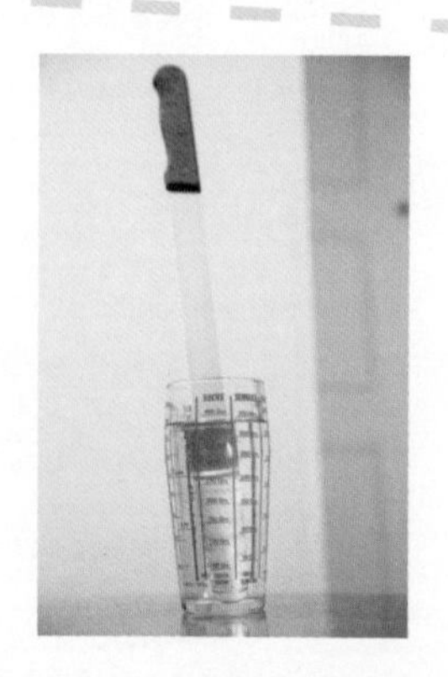

如何把奶油蛋糕切得漂亮？

1. 切蛋糕前，将刀子浸泡在60～70℃的热水中，使刀刃变热，再用纸巾或干抹布拭去刀刃上的水分。
2. 切蛋糕时，不要一口气切到底，应将刀刃前后小幅度移动。一次切一片，每次切片后，拭去刀刃上的奶油，并反复将刀刃放入热水中加热。

做法

1 制作海绵蛋糕底

制作原味海绵蛋糕面糊（参考p15“传统海绵蛋糕”），然后把面糊倒入模具中，放入已预热的烤箱，用180℃烘焙20分钟。

切片时可先沿着外侧切一圈细痕，分成厚度均等的三部分，再切片。

2 蛋糕切片

将蛋糕从模具中取出，撕下烤盘纸，放凉。完全冷却后，用蛋糕刀横切成三片。

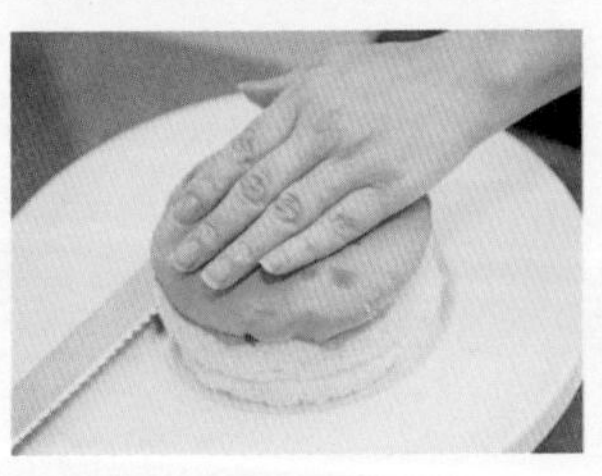

“如何判断奶油的打发程度？”详见p90。如无旋转台，可将盘子或烤盘转过来使用。转动转盘时，抹刀尽量固定不动，避免发泡奶油因多次接触抹刀表面而变干。

3 制作和涂抹发泡奶油

将淡奶油和细砂糖倒入盆中，打至七成发。取一片蛋糕放上旋转台，一边旋转一边在蛋糕上抹上发泡奶油。

4 制作草莓夹层

将草莓去蒂，切片，置于蛋糕表面，再涂抹一层薄薄的发泡奶油，盖上另一片海绵蛋糕。重复此步骤，做出三层蛋糕。

5 抹平发泡奶油

先在蛋糕最上层涂一层薄薄的发泡奶油，然后用抹刀直立涂抹侧面，再在最上层倒上更多发泡奶油，抹开并让边缘上的发泡奶油自然流下，接着用抹刀涂抹均匀。

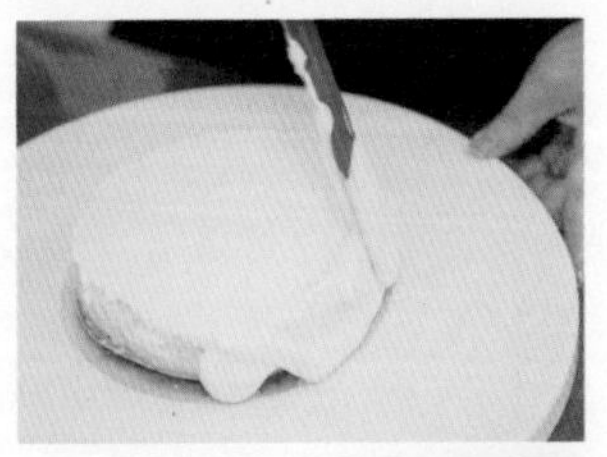

6 完成装饰

在蛋糕表面挤上花形奶油，再放上草莓作装饰，入冰箱冷藏1小时以上即可。

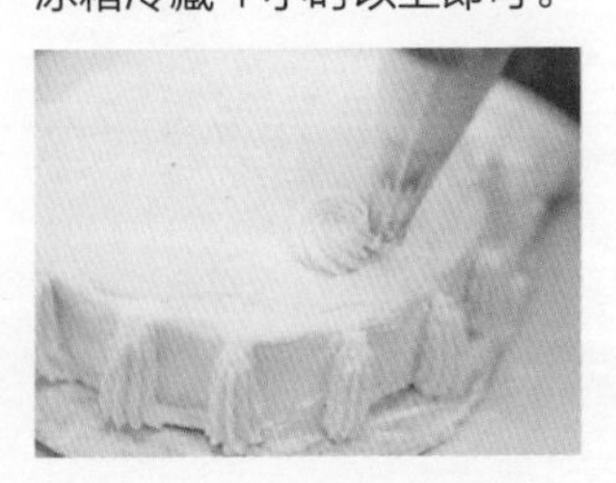

以巧克力蛋糕作底，车厘子作馅是黑森林蛋糕的传统，而加入黑加仑子啫喱可以赋予蛋糕不同的口感！

烘焙

黑森林蛋糕

烘焙时间 20分钟

温度 180℃

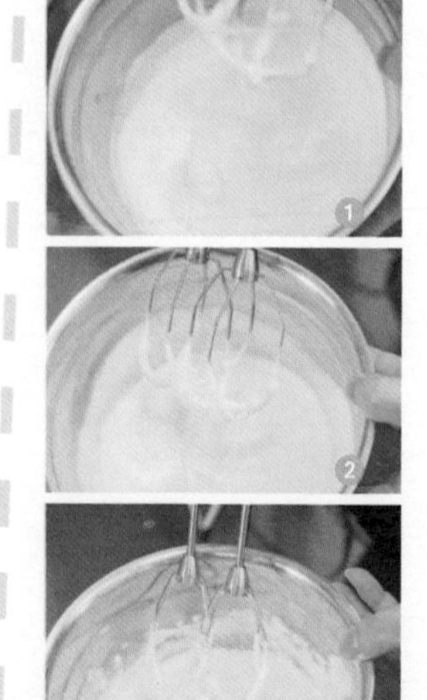

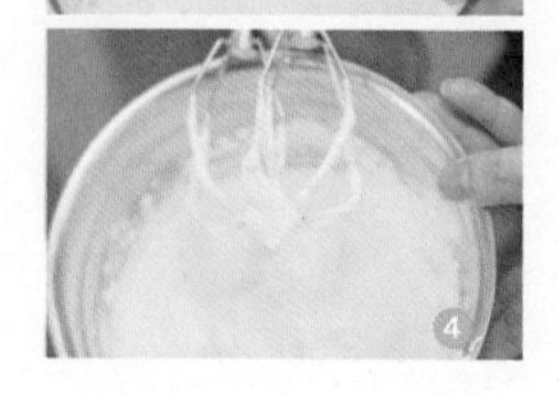

如何判断奶油的打发程度？

1. 将奶油倒入盆中，隔冰水用打蛋器打发。在起始阶段，奶油会产生很多泡沫，随后会逐渐变软。打至稍呈黏稠状，提起打蛋器时奶油会慢慢流下，且掉落的痕迹会快速消失，此为**六成发**。
2. 打至更黏稠的状态，提起打蛋器，会有部分奶油残留，此为**七成发**。
3. 奶油上残留打蛋器搅拌的痕迹，舀起时奶油呈块状掉落，此为**八成发**。
4. 提起打蛋器，奶油不会掉落，此为**九成发**。继续搅拌会使奶油发泡过度，出现油水分离。

材料

6寸圆形蛋糕烤模1个

巧克力海绵蛋糕底

低筋面粉..........150克
可可粉..........15克
无盐黄油..........50克
鸡蛋..........4个
细砂糖..........90克

发泡奶油

淡奶油..........250克
细砂糖..........45克

其他

黑加仑子啫喱粉....20克
热水..........80毫升
朗姆酒..........60毫升
罐装车厘子..........15粒
巧克力碎..........100克
红莓..........适量

做法

1 制作海绵蛋糕底

制作巧克力海绵蛋糕面糊（参考p18“巧克力海绵蛋糕”），然后把面糊倒入模具中，放入已预热的烤箱，用180℃烘焙20分钟。

2 准备车厘子

将罐装车厘子和朗姆酒拌匀，浸泡片刻，沥干，待用。

详见p90“如何判断奶油的打发程度？”

3 打发淡奶油

将淡奶油和细砂糖打发至七成发。

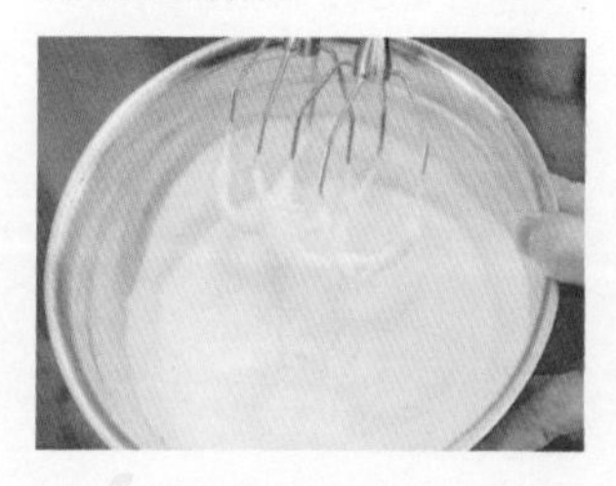

4 制作黑加仑子啫喱

将黑加仑子啫喱粉溶解于热水中，入冰箱冷藏至凝固，切粒。

5 铺上蛋糕片

将蛋糕横切成两片，第一片表面刷上朗姆酒，铺上发泡奶油、罐装车厘子和黑加仑子啫喱，再铺上另一片蛋糕。

6 涂抹发泡奶油

在蛋糕表面抹上发泡奶油后，用抹刀涂抹均匀。

7 完成装饰

撒上巧克力碎，并放上红莓作装饰即可。

特浓巧克力奶油蛋糕

巧克力蛋糕搭配
黑巧克力奶油

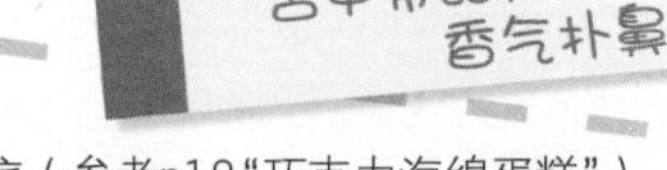

材料

6寸圆形蛋糕烤模1个

巧克力海绵蛋糕底

低筋面粉……150克
可可粉……15克
无盐黄油……50克
鸡蛋……4个
细砂糖……90克

巧克力奶油

淡奶油……250克
细砂糖……70克
65%黑巧克力……200克
无盐黄油……20克

裱花装饰

甜奶油……100克
细砂糖……40克
可可粉……1茶匙

做法

（1）制作好巧克力海绵蛋糕底（参考p18“巧克力海绵蛋糕”）。
（2）将黑巧克力隔水加热至融化，加入无盐黄油拌匀，熄火，待凉。
（3）将淡奶油和细砂糖混合，打至浓稠，分3次加入黑巧克力中拌匀。
（4）将巧克力海绵蛋糕切成三片。取一片放入模具中，倒入巧克力奶油，抹平表面。重复此步骤，做出三层蛋糕入冰箱冷藏隔夜。
（5）将甜奶油和细砂糖混合，打至八成发，再加入可可粉拌匀，装入裱花袋中。取出冷藏好的蛋糕，在表面挤上花形奶油作装饰即可。

如何使用裱花袋？

❶ 将裱花嘴放入裱花袋中，露出1/3左右。
❷ 手握裱花袋，开口处向外翻折，装入奶油。
❸ 将裱花袋放在桌上，用手按紧袋口，避免奶油溢出，另一只手用抹刀把奶油朝裱花嘴方向推。

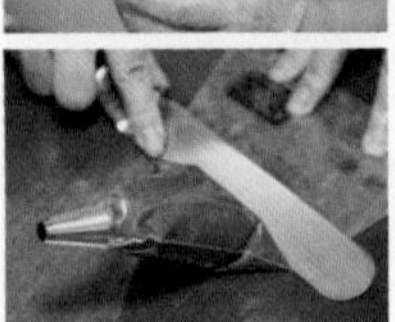

栗子蛋糕

醇香栗子，微苦朗姆酒，软滑奶油

材料

6寸圆形蛋糕烤模1个

原味海绵蛋糕底

鸡蛋……3个
细砂糖……70克
低筋面粉……80克
无盐黄油……30克

栗子奶油

甜奶油……100克
朗姆酒……1汤匙
栗子蓉……150克

其他

甜奶油……50克
杏仁片……适量

做法

（1）制作好原味海绵蛋糕底（参考p15“传统海绵蛋糕”）。
（2）将100克甜奶油打发，加入朗姆酒和50克栗子蓉拌匀。
（3）把原味海绵蛋糕横切成三片。取一片蛋糕，在表面抹上栗子奶油，再铺上另一片蛋糕。重复此步骤，做出三层蛋糕。
（4）将50克甜奶油打发，铺在蛋糕表面，再撒上杏仁片即可。

绿茶甜奶油蛋糕

红豆奶油搭配绿茶粉

带来浓浓和风

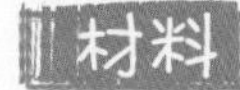

6寸圆形蛋糕烤模1个

绿茶海绵蛋糕底

低筋面粉..........150克
绿茶粉............20克
无盐黄油..........50克
鸡蛋..............4个
细砂糖............150克

发泡奶油

淡奶油............130克
甜奶油............150克

其他

红豆蓉............150克
绿茶粉............适量

(1) 制作好绿茶海绵蛋糕底（参考p17“绿茶海绵蛋糕”）。
(2) 将淡奶油和甜奶油拌匀，打至七成发。
(3) 取一半发泡奶油，加入红豆蓉，轻轻拌匀；将另一半发泡奶油装入裱花袋中，入冰箱冷藏，待用。
(4) 将绿茶海绵蛋糕切成三片，取其中一片蛋糕，涂上一层红豆奶油，抹平表面后铺上另一片蛋糕，重复此步骤，做出三层蛋糕。
(5) 蛋糕表面涂一层红豆奶油，用抹刀涂抹均匀。
(6) 在蛋糕表面挤上花形奶油作装饰，再撒上绿茶粉即可。

杂果脆脆

加入杂果、榛子酱、巧克力、脆脆

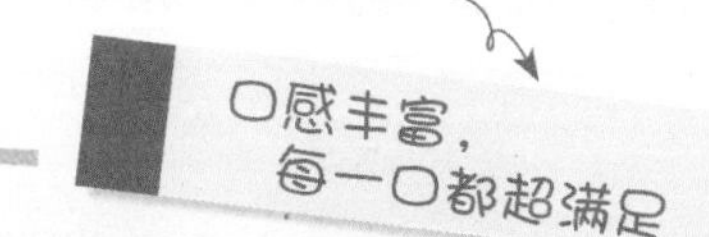

材料

6寸圆形蛋糕烤模1个

原味海绵蛋糕底

鸡蛋..............3个
细砂糖............70克
低筋面粉..........80克
无盐黄油..........30克

巧克力脆脆

黑巧克力..........80克
脆脆..............80克
榛子酱............1汤匙
无盐黄油..........20克
牛奶..............2汤匙

水果奶油

甜奶油............180克
杂果..............适量

其他

巧克力碎..........适量

做法

(1) 制作好原味海绵蛋糕底（参考p15“传统海绵蛋糕”）。
(2) 将黑巧克力隔水加热至融化，加入脆脆、榛子酱、无盐黄油和牛奶拌匀，待用。如果买不到脆脆，可用脆米等代替，但要采用无盐及低糖的。
(3) 把原味海绵蛋糕横切成三片，把其中一片放入模具内，倒入巧克力脆脆，抹平表面后铺上另一片蛋糕，入冰箱冷藏1小时。
(4) 将甜奶油打发，加入杂果拌匀，涂抹在蛋糕上。
(5) 铺上最后一片蛋糕，再铺上另一层甜奶油和杂果，撒上巧克力碎即可。

PART 3

解馋点心

布丁与果冻

布丁（Pudding）又叫奶冻，其基本材料是鸡蛋、牛奶和细砂糖，有冷藏、烘焙、蒸三种制作方法,口感香甜滑嫩。果冻就是我们常说的啫喱，口感Q弹有劲，多用鱼胶粉作凝固剂。也有人用琼脂做果冻，一来凝结速度比较快，二来琼脂是植物胶，适合素食主义者。

松饼

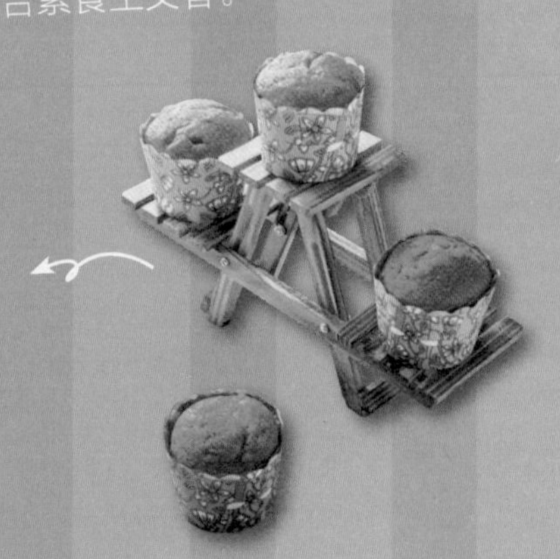

松饼是最受欢迎的下午茶点心。它涵盖的类别很广，既可以指英式玛芬（Muffin）、薄烤饼（Pancake），也可以指司康饼（Scone）、华夫饼（Waffle）。松饼的基本制作材料是鸡蛋、黄油、面粉和细砂糖，直接使用市售的预拌松饼粉制作更加简单方便。

饼干

饼干一向是人们最喜爱的解馋零食。它口感酥脆，饼香浓郁，让人一吃就停不了口。最常见的饼干是曲奇（Cookie），它的名字源于荷兰语 koekje，意为“细小的蛋糕”。曲奇有不同的软硬度，且口味多样，有绿茶、巧克力、核桃、水果干多种口味。而现在最流行的饼干之一是法式小圆饼马卡龙，它可以追溯至19世纪的蛋白杏仁饼。

不管吃得有多饱，只要遇到甜品，好像马上又胃口大开了！本章介绍 6 种适合作早餐或者下午茶食用的小点心，自己解馋之余，还能作为节日小礼物或伴手礼送给朋友和亲人。快快动手制作吧！

冰激凌

传说最早的冰激凌源自古希腊，亚历山大大帝率军远征埃及，由于当地气候炎热，士兵们纷纷中暑。亚历山大就命人到高山上取下积雪，和果汁拌匀，供士兵们食用。这就是现在的冰激凌的雏形。当然，现在做冰激凌不用真的上高山取雪，只要把牛奶、鸡蛋、奶油混合，放入冰箱冷藏就可以了。常见的冰激凌有香草、巧克力和水果口味。

巧克力

巧克力被视为送给爱人的最好礼物，浓稠、甜蜜的滋味让人难以抗拒，尝过之后总会久久萦绕心头。巧克力以可可豆为主要成分，它最初是一种提神饮料，后来逐渐演变为口味多样的甜品。常见的种类有生巧克力、牛奶巧克力、果仁巧克力、酒心巧克力等。

糯米糍

糯米糍是一种传统的中式甜品，主要是糯米粉团，一般会有豆沙、莲蓉或花生等馅料包裹在内。糯米糍在唐朝时传入日本，演变成日本的草饼。草饼用草饼粉和米粉制作，口感更 Q 弹、爽滑。

香浓的奶味夹杂在软滑的布丁中，每一口都入口即化。如果不想布丁表面出现太多坑洞，搅拌时一定不能太用力。

烘焙

鲜奶鸡蛋布丁

烘焙时间 40分钟

温度 160℃

材料

120毫升的烤杯4个

细砂糖……………40克
牛奶……………300毫升
鸡蛋……………2个

做法

1 加热牛奶

把细砂糖加入牛奶中，用小火煮至细砂糖溶化，熄火。

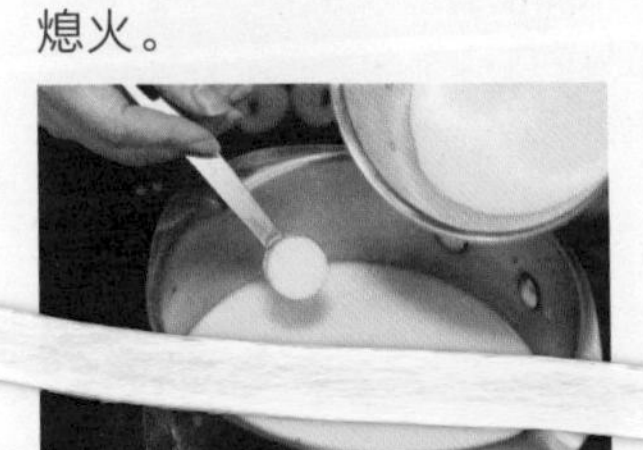

2 加入蛋液

搅拌时要小心，如果太用力，会令太多空气混入布丁溶液内，令布丁出炉后出现较多“坑洞”。

将鸡蛋搅匀，倒入牛奶中拌匀，滤去细颗粒。

3 倒入模具中烘焙

出炉后可试着摇晃模具，若表面没有褶皱产生便表示烘焙完成。

倒入模具中，放入已预热的烤箱，用160℃隔水烘焙40分钟即可。

烘焙常识课

如何使布丁完好地脱模？

待布丁冷却后，在模具和布丁之间插入刀子或竹签，轻轻划开，便可让布丁完好地脱模。

在充满香草香的布丁表面，倒上甜甜的焦糖，幸福的感觉油然而生！不想焦糖上色不均匀，选模具的时候就要注意，不要选厚度不一的模具，以免受热不均！

烘焙

烤焦糖布丁

烘焙时间 45分钟

温度 160℃

材料

120 毫升的烤杯 6 个

牛奶	400毫升	鸡蛋	4个
细砂糖	70克	蛋黄	4个
香草荚	1根	焦糖酱	适量

做法

1 准备

把焦糖酱倒入模具中，成薄薄一层；香草荚切半，刮出香草籽。

2 加热牛奶、细砂糖和香草籽

将牛奶、细砂糖和香草籽拌匀，用小火加热，煮至细砂糖溶化后熄火。

3 加入蛋液

用滤网滤去细颗粒，是为了避免有结块的蛋白残留下来，影响口感。

将鸡蛋和蛋黄拌匀，倒入牛奶溶液中，拌匀后滤去细颗粒。

4 倒入模具中烘焙

倒入模具中，用 160℃ 隔水烘焙 45 分钟，取出，待凉后入冰箱冷藏 2 小时。

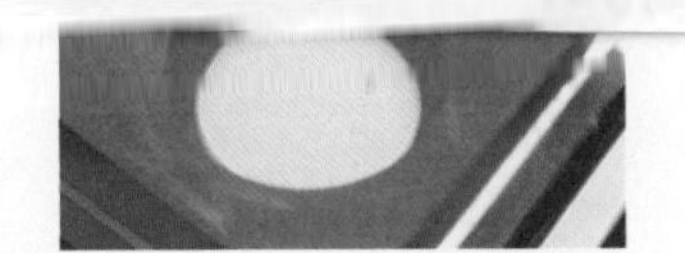

烘焙常识课

如何自制焦糖？

焦糖的制作方法很简单。先准备一些细砂糖，再放于锅中加热，一边加热一边搅拌，当细砂糖完全熔化且沸腾起泡时加入水，然后改用小火慢慢煮至呈焦糖色，熄火后倒入杯中即可。

奶油牛奶布丁

加入奶油

香浓加倍

材料

120毫升的烤杯4个

牛奶............125毫升
细砂糖............70克
香草荚............1根
鸡蛋............2个
淡奶油............190克
焦糖酱............适量

做法

（1）把焦糖酱倒入模具中，成薄薄一层；香草荚切半，刮出香草籽。

（2）将牛奶、细砂糖和香草籽拌匀，用小火加热，煮至细砂糖溶化后熄火。

（3）将鸡蛋略打散，加入牛奶溶液和淡奶油拌匀。

（4）倒入模具中，放入已预热的烤箱，用150℃隔水烘焙35分钟，取出，待凉后入冰箱冷藏2小时即可。

天使布丁

用纯蛋白做布丁，口味更清新

材料

120毫升的烤杯6个

牛奶............250毫升
细砂糖............80克
蛋白............5个
淡奶油............190克
焦糖酱............适量

做法

（1）把焦糖酱倒入模具中，成薄薄一层，待用。

（2）将牛奶和细砂糖拌匀，用小火加热，煮至细砂糖溶化后熄火。

（3）将蛋白略搅拌，加入牛奶溶液，拌匀后滤去细颗粒，加入淡奶油拌匀。

（4）倒入模具中，放入已预热的烤箱，用150℃隔水烘焙45分钟，取出，待凉后入冰箱冷藏2小时即可。

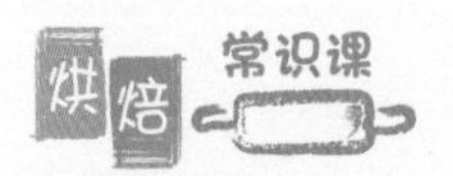

如何处理布丁液里残留的小气泡？

布丁液里如果有气泡残留，会使布丁产生“气孔”。如果是细小的泡泡，只要在布丁液表面铺上一张厨房纸，就可以去除。如果是较大的气泡，可以用打火机对着气泡点火，气泡瞬间就会消失。

浓烈的酒香搭配
清爽的车厘子

风味绝佳

酒香车厘子烤布丁

材料

120毫升的烤杯8个

低筋面粉..........500克
鸡蛋................4个
牛奶............125毫升
罐装车厘子........400克
淡奶油............160克
白兰地............2汤匙

做法

(1)将罐装车厘子沥干水分，待用。

(2)将低筋面粉过筛，加入鸡蛋和牛奶拌匀，加入其他剩余材料拌匀。

(3)倒入模具中，放入已预热的烤箱，用200℃烘焙15分钟即可。

热巧克力软心布丁

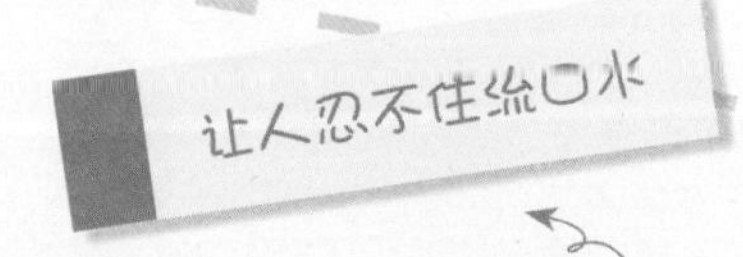

热呼呼的巧克力浆，
从布丁里流出

材料

120毫升的烤杯4个

鸡蛋................3个
蛋黄................2个
细砂糖.............80克
无盐黄油..........100克
低筋面粉...........50克
黑巧克力..........100克

做法

(1)将无盐黄油置于室温回软，黑巧克力隔水加热至融化。

(2)将鸡蛋、蛋黄和细砂糖充分打发，加入无盐黄油、低筋面粉和黑巧克力拌匀。

(3)倒入模具中，入冰箱冷藏30分钟，再放入已预热的烤箱，用190℃隔水烘焙8分钟，取出后倒扣脱模即可。

如果想布丁较易脱模，可事先在杯内抹上无盐黄油和面粉，再倒入黑巧克力浆。

鲜奶混搭糖水界的宠儿——西米，炮制出这种别具香港风味的西米布丁！加入卡士达粉，布丁的味道和颜色都提升了！

烘焙

港式烤西米布丁

烘焙时间 20分钟

温度 160℃

材料

120毫升的烤杯2个

西米	50克	卡士达粉	15克
细砂糖	60克	鲜奶	60克
热水	1500毫升	鸡蛋	1个

做法

1 煮熟西米

将西米加入1000毫升热水中，用中火加热，边煮边搅拌，煮至半透明后熄火，静置15分钟后用凉水浸泡片刻，滤去水分，待用。

2 加入卡士达粉

取500毫升热水，加入细砂糖，搅拌至细砂糖溶化，加入卡士达粉煮至浓稠。

3 加入鲜奶、鸡蛋

待凉后，加入鲜奶、打散的鸡蛋液、西米拌匀。

4 倒入模具中烘焙

倒入模具中，放入已预热的烤箱，用160℃烘焙20分钟，出炉待凉后，入冰箱冷藏2小时即可。

加入肉甜汁多的黄桃肉

口感更浓郁

桃子布丁

材料

120毫升的烤杯6个

牛奶............250毫升
细砂糖............100克
甜奶油............125克
柠檬汁............2汤匙
鸡蛋..............3个
低筋面粉............50克
罐头蜜桃肉........120克

做法

（1）将罐头黄桃肉沥干水分，切片。

（2）用小火加热牛奶，加入细砂糖，煮至细砂糖溶化，熄火，加入甜奶油和柠檬汁拌匀。

（3）将鸡蛋打散，加入牛奶溶液拌匀，筛入低筋面粉，拌匀成面糊。

（4）倒入模具中，在表面铺上黄桃肉，放入已预热的烤箱，用170℃隔水烘焙35分钟，再稍作装饰即可。

焦糖南瓜布丁

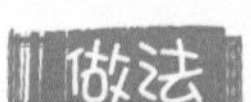

加入南瓜蓉

材料

120毫升的烤杯6个

南瓜..............250克
甜奶油............160克
牛奶............125毫升
细砂糖.............70克
鸡蛋..............2个
焦糖酱............适量

做法

（1）将南瓜去皮、去籽，隔水蒸熟，压成蓉，加入甜奶油拌匀。

（2）用小火加热牛奶，加入细砂糖，煮至细砂糖溶化，加入已打散的鸡蛋拌匀。

（3）加入南瓜蓉拌匀，滤去杂质。

（4）倒入模具中，放入已预热的烤箱，用160℃隔水烘焙30分钟，食用时抹上焦糖酱即可。

红茶布丁

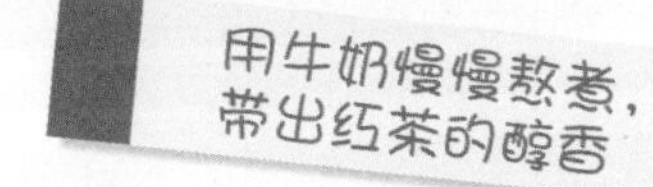

材料

120毫升的烤杯6个

细砂糖 60克
牛奶 300毫升
鸡蛋 3个
红茶茶叶 5克
焦糖酱 .... 适量

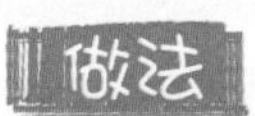

（1）将细砂糖加入牛奶中，用小火煮至细砂糖溶化，熄火。
（2）将鸡蛋打散，倒入牛奶溶液中拌匀，滤去细颗粒。
（3）放入红茶茶叶，盖上盖子闷5分钟。
（4）倒入模具中，用170℃隔水烘焙20 ~ 25分钟，取出后待凉，食用时抹上焦糖酱即可。

如果没有布丁模具，可用什么来做布丁？

凡是能放入烤箱里的耐热容器都可以使用。容器越大，所需烘焙的时间越长，因此过程中需添加热水，避免烤焦。

面包布丁

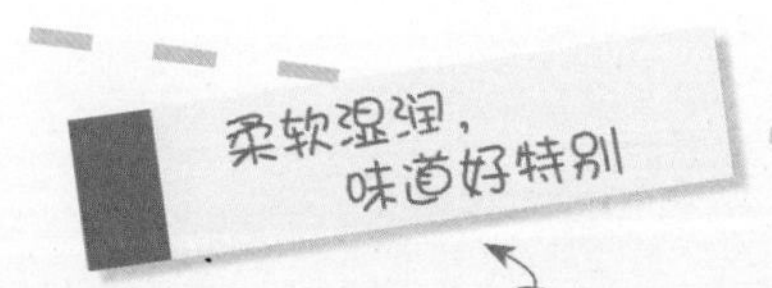

吸足了牛奶蛋液的面包

材料

20 cm x 12 cm的长方形烤模1个

全麦面包 100克
鸡蛋 2个
细砂糖 30克
牛奶 200毫升
香草香油 3滴
提子干 1汤匙
糖霜 .... 适量

做法

（1）将全麦面包切成块状，待用。
（2）将鸡蛋、细砂糖、牛奶、香草香油混合，拌匀。
（3）过筛后倒入模具中，加入全麦面包，静置10分钟，待面包充分吸收牛奶蛋液。
（4）在表面均匀地撒上提子干，放入已预热的烤箱，用150℃隔水烘焙25分钟，至蛋液完全凝固。出炉后，撒上糖霜作装饰即可。

将小巧的棉花糖撒在浓香的巧克力布丁上，不仅起到装饰的效果，还丰富了可可布丁的口感。

冷藏

棉花糖可可布丁

冷藏时间
2小时

材料

120毫升的烤杯4个

可可糊

牛奶…………160毫升
可可粉…………24克
细砂糖…………60克
鱼胶粉…………5克
水…………1汤匙
甜奶油…………125克
蛋白…………1个

其他

可可粉…………2茶匙
棉花糖…………2汤匙

做法

1 准备

将鱼胶粉和1汤匙水混合，隔热水泡软，待用。

2 加热可可牛奶

以小火加热牛奶，加入可可粉和40克砂糖，煮至细砂糖溶化，熄火。

3 加入鱼胶粉

加入浸泡好的鱼胶粉，拌匀。

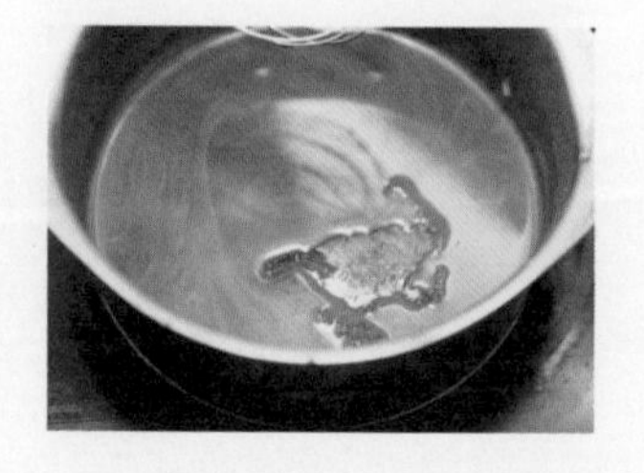

4 打发甜奶油

将甜奶油隔冰水充分打发，加入可可牛奶中拌匀。

打发蛋白时要将细砂糖分2～3次加入，以加速其溶解，并令空气充分进入蛋白，更易打发。

5 混合蛋白霜和可可糊

将蛋白和剩余细砂糖打至企身，再与制作好的可可糊混合均匀。

可先将布丁液隔冰水降温，待呈半凝固状后，再入冰箱冷藏。

6 倒入模具中冷藏

倒入模具中，入冰箱冷藏1小时至凝固。取出后在表面筛上可可粉，再轻轻放上棉花糖即可。

摩卡可可布丁

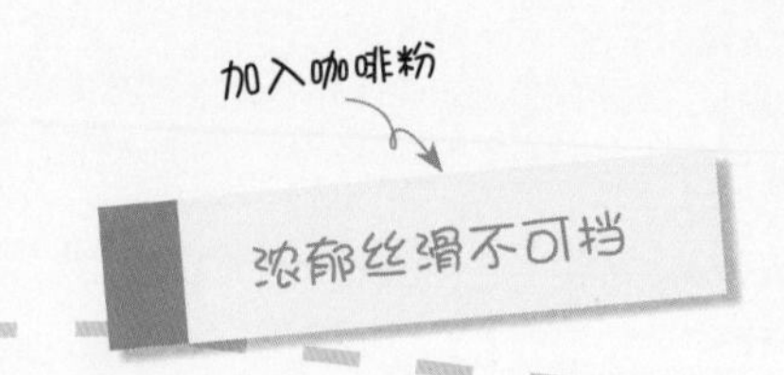

材料

120毫升的烤杯6个

卡士达粉……………1汤匙
水……………………3汤匙
无盐黄油……………50克
速溶咖啡粉…………3汤匙
可可粉………………1汤匙
牛奶…………………500毫升

做法

（1）将卡士达粉和水混合，隔热水拌匀。

（2）加入无盐黄油，用小火加热，筛入速溶咖啡粉和可可粉，拌匀后熄火。

（3）加入牛奶，拌匀后倒入模具中，入冰箱冷藏至凝固即可。

香蕉可可布丁

香蕉搭配咖啡、朗姆酒

带来意式风情

材料

120毫升的烤杯2个

牛奶…………………4汤匙
细砂糖………………3汤匙
可可粉………………1汤匙
鱼胶粉………………5克
香蕉…………………1根
甜奶油………………5汤匙
朗姆酒………………1汤匙

做法

（1）将香蕉去皮，压成蓉。

（2）将牛奶和细砂糖拌匀，用小火加热，煮至细砂糖溶化，加入可可粉拌匀。

（3）加入鱼胶粉拌匀，加入香蕉蓉、甜奶油和朗姆酒，拌匀后隔冰水待凉，倒入模具中，入冰箱冷藏至凝固即可。

如何使冷藏布丁完好地脱模？

若想使冷藏布丁完好地脱模，只需将模具底部浸入热水中片刻，然后倒置即可。

草莓白巧克力布丁

草莓芝士搭配白巧克力

酸甜合宜

材料

120毫升的烤杯4个

牛奶……………60毫升
细砂糖……………30克
鱼胶粉……………8克
水……………少许
白巧克力……………100克
甜奶油……………200克
草莓芝士……………60毫升

做法

（1）将白巧克力切碎，隔水加热至融化。

（2）将鱼胶粉和少许水混合，隔热水搅拌至鱼胶粉溶化。

（3）将牛奶和细砂糖拌匀，用小火加热至细砂糖溶化，然后倒入鱼胶溶液拌匀。

（4）依次加入白巧克力、甜奶油和草莓芝士，拌匀后隔冰水待凉，倒入模具中，入冰箱冷藏至凝固即可。

法式巧克力布丁

黑巧克力微苦，
香草、奶油香浓

材料

120毫升的烤杯4个

黑巧克力……………100克
速溶咖啡粉……………1/2茶匙
淡奶油……………250克
细砂糖……………30克
香草香油……………1茶匙
朗姆酒……………1/2茶匙

做法

（1）将黑巧克力切碎，隔水加热至融化后，加入速溶咖啡粉拌匀，待用。

（2）以小火煮沸淡奶油、细砂糖及香草香油。

（3）依次加入黑巧克力溶液及朗姆酒，充分拌匀，倒入模具中，入冰箱冷藏至凝固即可。

澳门的经典甜品木糠布丁，在家也能轻松做！1:1的玛丽饼干和奶油，一层接一层地铺上，不光卖相漂亮，口感也极具层次！

冷藏

木糠布丁

冷藏时间
1小时

材料

120毫升的烤杯4个

玛丽饼干............9块
甜奶油............300克
炼乳............60毫升
香草香油............3滴

做法

1 压碎玛丽饼干

将玛丽饼干压碎，待用。

2 打发甜奶油，加入炼乳、香草香油

将甜奶油打至六成发，加入炼乳和香草香油拌匀。

在每一层铺饼干碎时都要尽量铺均匀。放入奶油溶液时，如奶油溶液停留在中间，可用手轻拍模具至表面平整，或用勺子辅助抹匀。

3 制作布丁夹层

把三分之一的奶油溶液倒入模具中，加入少许玛丽饼干碎，再重复该步骤。

4 入冰箱冷藏

在布丁表面放上玛丽饼干碎，入冰箱冷藏1小时，取出后稍作装饰即可。

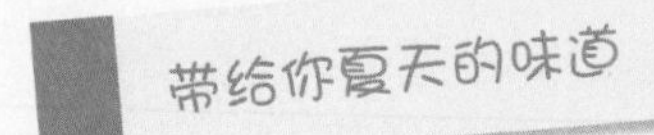

木瓜鲜奶布丁

香浓的鲜奶搭配
清甜的木瓜

材料

120毫升的烤杯4个

木瓜..............1/2个
鱼胶粉............1汤匙
温水..............60毫升
细砂糖............80克
牛奶..............375毫升
柠檬汁............2汤匙

做法

(1) 将木瓜去皮、去籽，切粒。
(2) 将鱼胶粉和温水混合，拌匀后加入细砂糖，搅拌至细砂糖溶化。
(3) 用小火加热牛奶，熄火后加入鱼胶粉溶液、柠檬汁和木瓜，拌匀。
(4) 倒入模具中，入冰箱冷藏至凝固即可。

口感顺滑，有嚼劲

香叶椰浆西米布丁

浓浓的椰浆搭配
饱满的西米

材料

120毫升的烤杯4个

西米..............3汤匙
印尼布丁粉........1包
水................875毫升
椰浆..............250毫升
细砂糖............4汤匙
香兰香油..........1茶匙
盐................1/4茶匙

做法

(1) 将西米洗净，煮熟，过冷水，沥干水分，待用。
(2) 将印尼布丁粉和125毫升水拌匀，待用。
(3) 将椰浆和750毫升水拌匀，煮沸后加入印尼布丁溶液和细砂糖，拌匀后熄火。
(4) 加入香兰香油、盐和西米，拌匀后倒入模具中，待凉后入冰箱冷藏至凝固即可。

用啫喱粉也
可以做布丁

草莓芝士布丁

材料

120毫升的烤杯4个

草莓味啫喱粉……90克
热水……500毫升
草莓……150克
原味芝士……125毫升

做法

（1）将草莓洗净，去蒂，切粒。
（2）将草莓味啫喱粉用热水溶解，待凉后加入草莓粒、原味芝士，拌匀后入冰箱冷藏至凝固即可。

鸡蛋芒果布丁

材料

120毫升的烤杯4个

芒果……2个
芒果味啫喱粉……180克
热水……80毫升
鸡蛋……1个
淡奶……160毫升
芒果味香油……3滴

做法

（1）将芒果去皮，去核，切粒。
（2）将芒果味啫喱粉和热水混合，拌匀后待凉。
（3）将鸡蛋打散，加入淡奶和啫喱水拌匀，再加入芒果粒和芒果味香油拌匀。
（4）倒入模具中，入冰箱冷藏至凝固即可。

黑巧克力搭配白兰地，味道醇香！用面粉加发粉蒸出来的布丁，口感松软，别具一格！

蒸煮

巧克力白兰地布丁

蒸煮时间
1小时

材料

120毫升的烤杯4个

黑巧克力……………100克
牛奶……………60毫升
白兰地……………60毫升
无盐黄油……………120克
细砂糖……………150克
鸡蛋……………3个
生面粉……………100克
杏仁粉……………100克
发粉……………1/4茶匙
盐……………1/4茶匙
香草冰激凌球……………1个
巧克力酱……………适量

做法

1 准备蛋黄溶液

将蛋黄、蛋白分开，再将蛋黄打散。

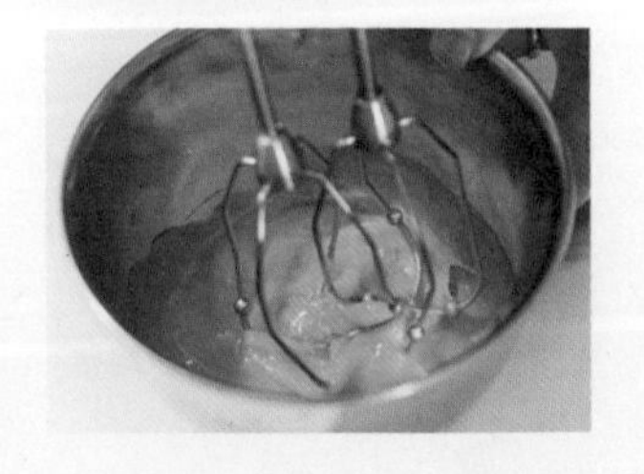

2 制作黑巧克力浆

将黑巧克力与牛奶、白兰地混合，隔热水拌匀。

3 混合无盐黄油、蛋黄、黑巧克力浆

将无盐黄油和80克细砂糖拌匀，充分打发，加入蛋黄、黑巧克力浆拌匀。

4 筛入粉类

将生面粉、杏仁粉、发粉混合后筛入巧克力混合物中，拌匀。

5 混合蛋白霜和巧克力面糊

将蛋白打至起泡，加入70克细砂糖和盐，充分打发，和巧克力面糊混合，拌匀。

为避免有水滴入，蒸烤的时候可在蒸锅底铺上纱布，锅盖也要用纱布覆盖。

6 倒入模具中隔水蒸

倒入模具中，盖上锡纸，隔水蒸1小时，脱模。伴以香草冰激凌球，用巧克力酱作装饰即可。

姜汁布丁

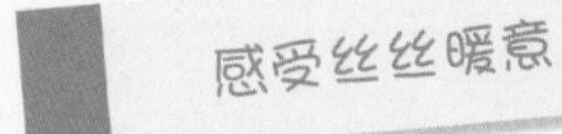

用草莓调和姜糖的微辛

材料

120毫升的烤杯8个

- 无盐黄油……400克
- 细砂糖……250克
- 鸡蛋……6个
- 低筋面粉……450克
- 姜糖……200克
- 牛奶……250毫升
- 卡士达粉……300克
- 草莓酱……适量

做法

(1) 将无盐黄油置于室温回软，加入200克细砂糖，搅拌至呈奶白色。

(2) 加入鸡蛋、低筋面粉和姜糖拌匀，倒入模具中，用大火隔水蒸30分钟后转中火蒸90分钟。

(3) 用小火煮沸牛奶，加入卡士达粉和50克细砂糖，拌匀成卡士达酱。

(4) 将布丁脱模，在表面淋上卡士达酱和草莓酱即可。

圣诞布丁

提子干、面包糠、烈酒和香料大混合

超丰富的味觉之旅

材料

120毫升的烤杯4个

- 低筋面粉……80克
- 面包糠……120克
- 黄糖……120克
- 豆蔻粉……1/4茶匙
- 无盐黄油……120克
- 鸡蛋……3个
- 黑提子干……150克
- 青提子干……150克
- 牛奶……5汤匙
- 白兰地……3汤匙
- 橙汁……3汤匙
- 橙皮丝……1汤匙

做法

(1) 将无盐黄油置于室温回软，待用。

(2) 将低筋面粉过筛，加入面包糠、黄糖和豆蔻粉拌匀，慢慢加入其他剩余材料，拌匀成面糊，置于阴凉处3天。

(3) 把面糊倒入模具中，盖上烤盘纸，用中火隔水蒸2 ~ 3小时即可。

黑糖牛奶蒸布丁

黑糖独有的香气，搭配奶油、牛奶的浓郁滋味

让人一尝就忘不了

材料

120毫升的烤杯4个

黑糖……………50克
甜奶油……………50克
鲜奶……………250毫升
鸡蛋……………2个

做法

（1）将黑糖、甜奶油、鲜奶用小火加热，直至黑糖完全溶化，熄火，待凉。
（2）将鸡蛋打散，倒入已经放凉的上述混合物，拌匀后滤去细颗粒。
（3）倒入模具中，用小火隔水蒸2～3小时即可。

南瓜蒸布丁

口感绵蜜的南瓜搭配浓浓的酒香

材料

120毫升的烤杯6个

南瓜……………350克
鸡蛋……………3个
细砂糖……………80克
牛奶……………200毫升
甜奶油……………100克
朗姆酒……………1/2茶匙

做法

（1）将南瓜蒸熟，压成蓉，放凉待用。
（2）将鸡蛋和细砂糖拌匀，加入南瓜蓉拌匀。
（3）加入牛奶、甜奶油、朗姆酒拌匀，滤去细颗粒。
（4）倒入模具中，用小火隔水蒸2～3小时即可。

超简单的夏日果冻，酸酸甜甜的杂莓凝固在晶莹果冻里，非常诱人。制作时要令鱼胶溶液混合均匀，这样做出来的果冻才会Q弹好味道！

冷藏

杂莓果冻

冷藏时间
3小时

材料

120毫升的容器3个

- 草莓 5个
- 红莓 3汤匙
- 蓝莓 3汤匙
- 鱼胶粉 5克
- 温水 3汤匙
- 红莓汁 250毫升
- 细砂糖 2汤匙

做法

1 准备

将草莓洗净，去蒂，切粒；将红莓、蓝莓洗净；将鱼胶粉浸泡于温水中，隔热水搅拌至鱼胶粉溶化。

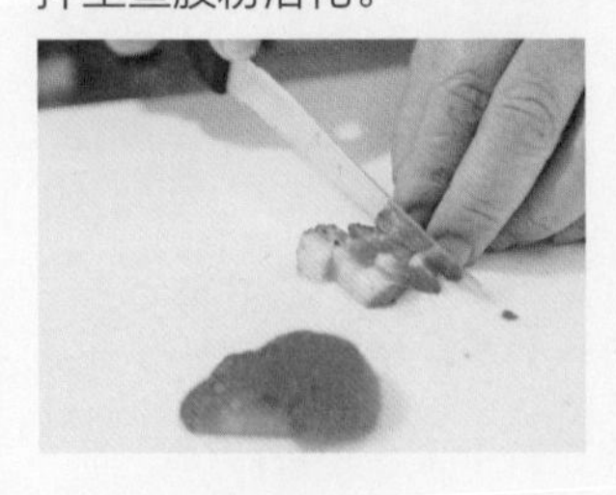

2 制作果冻溶液

将鱼胶溶液和红莓汁拌匀，加入细砂糖拌匀，加入草莓粒、红莓、蓝莓拌匀。

3 倒入模具中冷藏

倒入模具中，入冰箱冷藏3小时至凝固即可。

从冰箱取出，摇晃容器，若模具中的材料不会晃动，表示已经凝固了。

烘焙常识课

如何使果冻完好地脱模？

在倒入材料之前，先以水沾湿容器，这样成品就可以顺利脱模。

芒果西米冻

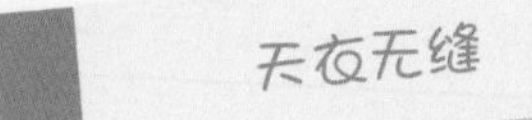

香滑的芒果、软糯的西米搭配Q弹的果冻

材料

120毫升的容器6个

- 芒果……………1个
- 西米……………30克
- 细砂糖……………50克
- 鱼胶粉……………10克
- 温水……………60毫升
- 乳酸菌饮品……………4瓶
- 芒果酱……………50克
- 甜奶油……………2汤匙
- 牛奶……………2汤匙

做法

(1) 将芒果洗净，去皮，切粒。

(2) 将西米用水泡软，煮熟，沥干水分。

(3) 将细砂糖和鱼胶粉拌匀，加入温水，搅拌至无颗粒后待凉。

(4) 加入乳酸菌饮品、芒果粒、芒果酱、西米、甜奶油和牛奶拌匀，入冰箱冷藏至凝固即可。

如果买不到芒果酱，可将芒果去皮，起肉，加入细砂糖，用搅拌机拌匀代替。

百利甜酒奶油冻

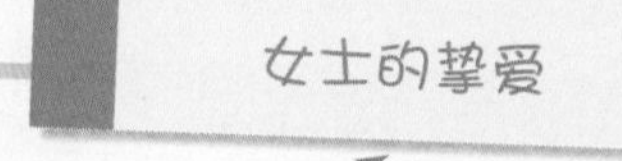

加入甜酒和奶油

材料

120毫升的容器2个

- 鱼胶片……………1片
- 细砂糖……………30克
- 淡奶油……………125克
- 百利甜酒……………60毫升
- 香草籽……………1/2茶匙

做法

(1) 将鱼胶片用水泡软。

(2) 将细砂糖、淡奶油和百利甜酒拌匀，用小火煮至细砂糖溶化后熄火，加入香草籽拌匀。

(3) 加入鱼胶片，搅拌至鱼胶溶化后滤去细颗粒，入冰箱冷藏至凝固即可。

百利酒的成分是什么？该如何使用？

百利甜酒由纯正的爱尔兰威士忌、各种天然香料、巧克力以及爱尔兰精酿烈酒等调配而成，口感香滑、味道甘甜，适合用于制作甜品。

柠檬薄荷芦荟冻

清爽的芦荟肉搭配淡淡的薄荷香

丝丝清凉，妙不可言

材料

120毫升的容器4个

芦荟肉…………120克
鱼胶粉…………15克
热水…………3汤匙
薄荷叶…………2片
柠檬汁…………3汤匙
细砂糖…………100克
水…………375毫升

做法

（1）将芦荟肉切粒，热水和鱼胶粉拌匀。
（2）将薄荷叶洗净，沥干水分，放入水中，用小火煲10分钟，弃叶留汁。
（3）加入柠檬汁和细砂糖，煮至细砂糖溶化，加入鱼胶溶液，拌匀至浓稠。
（4）加入芦荟肉，拌匀后倒入模具中，待凉后入冰箱冷藏至凝固即可。

蜂蜜香橙果冻

用啫喱粉也能做果冻

材料

120毫升的容器4个

橙味啫喱粉…………180克
热水…………500毫升
橙肉…………2汤匙
蜂蜜…………1汤匙

做法

（1）将橙味啫喱粉溶于热水中，加入橙肉和蜂蜜拌匀。
（2）待凉后倒入模具中，入冰箱冷藏至凝固即可。

幽香的桂花和黄色的花瓣搭配橙红的枸杞，令桂花糕非常诱人！桂花酱不够甜，需要加入细砂糖调味，若用桂花糖替代更方便！

冷藏

枸杞桂花糕

冷藏时间
3小时

材料

20 cm x 20 cm的方形烤模1个

枸杞..............2汤匙
鱼胶粉............50克
细砂糖............20克
桂花酱............30克
热水..............适量

做法

1 用热水浸泡枸杞

将枸杞洗净，用热水浸泡10分钟，沥干水分，待用。

2 溶解鱼胶粉和细砂糖

将鱼胶粉和细砂糖放入热水中，搅拌至全部溶解。

3 加入桂花酱和枸杞

可以用桂花糖代替桂花酱和细砂糖，将分量改为40克，用热水溶解后加入鱼胶溶液中。

加入桂花酱，拌匀后再加入热水、枸杞拌匀。

4 倒入模具中冷藏

搅拌数下的目的是使桂花和枸杞半沉浮，可加速溶解。

倒入模具中，约30分钟后搅拌数下，入冰箱冷藏3小时至凝固即可。

加入香浓的椰浆和绵绵的红豆沙

椰香红豆糕

材料

20 cm x 20 cm的方形烤模1个

琼脂丝…………20克
水…………800毫升
红豆沙…………300克
细砂糖…………375克
牛奶…………250毫升
椰浆…………250毫升
玉米淀粉…………250克

做法

(1) 将琼脂丝剪碎，用水浸泡10分钟，沥干水分，待用。
(2) 将水煮沸，加入琼脂碎，煮至琼脂碎溶化，滤去细颗粒。
(3) 加入红豆沙、细砂糖和牛奶，煮沸后加入椰浆和玉米淀粉拌匀。
(4) 倒入模具中，待凉后入冰箱冷藏至凝固即可。

什么是琼脂?

琼脂即洋菜，是一种含有丰富胶质的海藻类植物，被视为鱼胶的代用品，常被用于制作色拉、菜糕或果冻等甜品，市面上可买到粉状、角状、条状、丝状等不同形态的产品。使用时需将它放在水中加热至溶化。

晶莹剔透的桂圆搭配酸酸甜甜的红枣

桂圆红枣冻糕

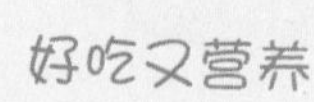

材料

20 cm x 20 cm的方形烤模1个

鱼胶粉…………1汤匙
热水…………3汤匙
红枣…………30克
桂圆肉…………50克
水…………625毫升
细砂糖…………5汤匙

做法

(1) 将鱼胶粉溶于热水中，待用。
(2) 将红枣去核，和桂圆肉一起洗净，沥干水分，放入水中，用小火煲30分钟，滤去红枣和桂圆肉，留汁待用。
(3) 将鱼胶溶液和细砂糖加入红枣汤中，煮至细砂糖溶化，倒入模具中，待凉后入冰箱冷藏至凝固即可。

茉莉茶凉糕

茉莉花茶的香气
搭配冻糕清凉的口感

实在是夏天的
首选美味

材料

20 cm x 20 cm的方形烤模1个

菠萝 1/4个
茉莉花茶 1汤匙
热水 125毫升
琼脂 20克
冷水 625毫升
细砂糖 50克

做法

（1）将菠萝洗净，去皮，切块。

（2）将茉莉花茶用热水浸泡15分钟，滤去茶叶，待用。

（3）将琼脂泡软后放入冷水中，煮至琼脂溶化，加入细砂糖和2汤匙茉莉茶，用小火煮5分钟。

（4）倒入模具中，待凉后入冰箱冷藏至凝固，取出后放入菠萝即可。

山楂糕

加入山楂片
和洛神花

材料

20 cmx 20 cm的方形烤模1个

山楂片 50克
洛神花 40克
水 1250毫升
琼脂粉 40克
细砂糖 80克
豆沙 300克

做法

（1）将山楂片和洛神花洗净，放入水中，煮沸后滤去山楂片和洛神花，留汁待用。

（2）加入琼脂粉和细砂糖，煮沸后加入豆沙，煮5分钟后倒入模具中，待凉后入冰箱冷藏至凝固即可。

充满黄油香味的松饼，口感松软，但质感要比蛋糕更实在。使用回至室温的鸡蛋，才不会使黄油因遇冷而凝固。

烘焙

原味松饼

烘焙时间 25分钟

温度 180℃

材料

直径7 cm的Muffin模具6个

无盐黄油 60克
细砂糖 80克
鸡蛋 1个
牛奶 50毫升
低筋面粉 120克
发粉 1茶匙

做法

将空气充分打入无盐黄油中，才能做出轻盈的口感。

1 打发无盐黄油

将无盐黄油置于室温回软，打至松软，加入细砂糖，搅拌至呈奶白色。

如果倒入温度过低的蛋液，会使无盐黄油结块，因此鸡蛋一定要回至室温后才可使用。

2 加入蛋液

将打散的蛋液一点点倒入黄油溶液中，拌匀。

3 加入牛奶

倒入25毫升牛奶，搅拌至柔滑后，再倒入剩余的牛奶拌匀。

4 筛入粉类

筛入低筋面粉和发粉，用切拌法拌匀。

5 倒入模具中烘焙

倒入模具中至七成满，放入已预热的烤箱，用180℃烘焙25分钟即可。

在面糊中加入南瓜粉，可轻松制作出南瓜松饼。浅橙的颜色与浓郁的味道，令南瓜爱好者无法抗拒！

烘焙

南瓜松饼

烘焙时间 25分钟

温度 170℃

材料

直径7 cm的Muffin模具8个

无盐黄油..........200克
细砂糖............250克
牛奶............160毫升
鸡蛋................2个
低筋面粉..........450克
发粉.............2茶匙
南瓜粉.............50克

做法

1 打发无盐黄油

将无盐黄油置于室温回软，打发至松软，加入细砂糖，搅拌至呈奶白色。

2 加入牛奶和鸡蛋

依次加入牛奶和鸡蛋，拌匀。

3 加入粉类

加入已过筛的低筋面粉、发粉、南瓜粉，拌匀。

4 倒入模具中烘焙

倒入模具中，放入已预热的烤箱，用170℃烘焙25分钟即可。

如何自制南瓜蓉？

将买回来的南瓜隔水蒸至软身，用勺子将肉挖出，再用滤网磨成蓉便可。如果选用日本南瓜，味道将更鲜甜。

提子干松饼

口感松软，充满嚼劲

加入提子干

材料

直径7 cm的Muffin模具6个

无盐黄油............80克
细砂糖..............70克
鸡蛋................2个
提子干.............150克
低筋面粉...........120克
发粉............1/2茶匙
奶粉..............2汤匙

做法

（1）将无盐黄油置于室温回软，打至软身，加入细砂糖，搅拌至呈奶白色。

（2）加入鸡蛋和提子干拌匀，筛入粉类，拌匀成面糊。

（3）倒入模具中至七成满，放入已预热的烤箱，用170℃烘焙25分钟即可。

巧克力松饼

巧克力和酸奶油的巧妙搭配

令人入口难忘

材料

直径7 cm的Muffin模具8个

巧克力.............350克
无盐黄油...........250克
酸奶油.............125克
鸡蛋................4个
细砂糖.............100克
香草香油...........1茶匙
低筋面粉...........250克
食用苏打粉......1/2茶匙
盐..............1/4茶匙
巧克力粒...........100克

做法

（1）将巧克力隔水加热至融化，加入无盐黄油和酸奶油拌匀，待用。

（2）将鸡蛋和细砂糖拌匀，加入步骤（1）的混合物和香草香油拌匀。

（3）筛入低筋面粉、食用苏打粉和盐，加入巧克力粒，拌匀。

（4）倒入模具中，放入已预热的烤箱，用250℃烘焙20分钟即可。

燕麦蓝莓松饼

加入燕麦、蓝莓

材料

直径7 cm的Muffin模具6个

蓝莓................80克
低筋面粉..........170克
细砂糖............100克
无盐黄油..........100克
快熟燕麦片........1汤匙
发粉..............1茶匙
鸡蛋................1个
牛奶............125毫升

做法

（1）将蓝莓洗净，无盐黄油置于室温回软，待用。

（2）将低筋面粉过筛，取其中20克，与30克细砂糖、30克无盐黄油和快熟燕麦片拌匀，入冰箱冷藏30分钟，待用。

（3）将剩余的低筋面粉和剩余的细砂糖、发粉拌匀，加入其余材料，拌匀成面糊。

（4）把面糊倒入模具中至六成满，在表面铺上适量快熟燕麦片（未在材料中列出），放入已预热的烤箱，用180℃烘焙25分钟即可。

花生松饼

也可用松饼粉做

材料

直径7 cm的Muffin模具6个

糯米粉..............65克
水................50毫升
松饼粉............250克
鸡蛋................1个
牛奶..............50毫升
花生酱............3汤匙

做法

（1）将糯米粉和水混合，拌匀成面糊。

（2）加入松饼粉、打散的蛋液、牛奶拌匀，再加入花生酱拌匀。

（3）倒入模具中，抹平表面，放入已预热的烤箱，用200℃烘焙15分钟即可。

英式松饼外脆内软的口感、满满的黄油香，令人一吃就停不了口！混合黄油和粉类的时候搅拌动作要快，这样才能做出不论蘸酱还是用奶油作馅都好吃的松饼！

烘焙

原味英式松饼

烘焙时间 25分钟

温度 180℃

材料

直径 6 cm 的模具 1 个（6 份）

无盐黄油 .... 50 克
低筋面粉 .... 200 克
泡打粉 .... 1 汤匙
牛奶 .... 40 毫升
鸡蛋 .... 1 个
高筋面粉 .... 适量

做法

1 混合黄油和粉类

无盐黄油要事先冷藏。混合的时候搅拌动作要迅速，以免黄油融化，口感变得不够酥松。

将低筋面粉和泡打粉混合后过筛。将无盐黄油切成丁，放入打蛋盆中与粉类混合，用手摩擦混合至呈颗粒状。

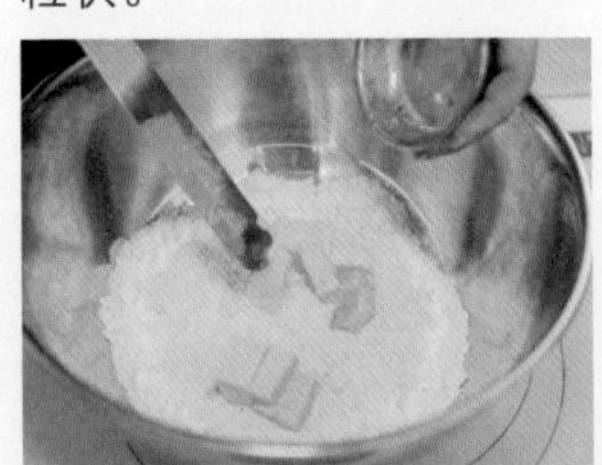

2 加入牛奶和蛋液

揉捏时间要适度，过度揉捏会令面团变硬。

加入牛奶和打散的蛋液，拌匀，用手按压，揉成面团。

3 冷藏面团

冷藏面团是为了避免面团太软、难以成形。

将面团用保鲜膜包好，入冰箱冷藏 15 分钟后取出。

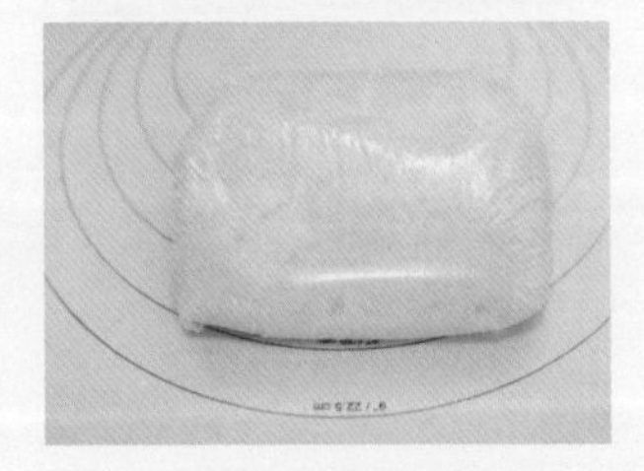

4 压取圆形面团

将高筋面粉撒在台面上，用擀面杖将面团延展至 2 cm 厚。用直径 6 cm 左右的模具（或玻璃杯口）压取圆形面团。

5 入烤箱烘焙

可依个人喜好搭配甜奶油或果酱食用。

将圆形面团排放在烤盘上，用刷子在表面涂上牛奶（未在材料中列出），放入已预热的烤箱，用 180℃烘焙 25 分钟即可。

红莓英式松饼

加入酸甜的小红莓

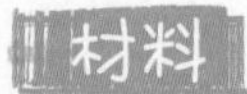

材料

直径6 cm的模具1个（8份）

低筋面粉..........200克
泡打粉............1汤匙
无盐黄油...........30克
牛奶............20毫升
鸡蛋................1个
红莓果干...........50克
高筋面粉...........适量

做法

（1）将低筋面粉和泡打粉混合后过筛。将无盐黄油切成丁，放入打蛋盆中与粉类混合，用手摩擦混合至呈颗粒状。

（2）加入牛奶、打散的蛋液和红莓果干拌匀，用手按压，揉成面团。

（3）将面团用保鲜膜包好，入冰箱冷藏15分钟后取出。

（4）将高筋面粉撒在台面上，用擀面杖将面团延展至2cm厚。用直径6cm的模具（或玻璃杯口）压取圆形面团。

（5）将圆形面团排放在烤盘中，用刷子在表面涂上牛奶（未在材料中列出），放入已预热的烤箱，用180℃烘焙25分钟即可。

巧克力英式松饼

加入香浓爽脆的巧克力豆

材料

直径6 cm的模具1个（8份）

低筋面粉..........200克
泡打粉............1汤匙
无盐黄油...........30克
牛奶............20毫升
鸡蛋................1个
巧克力豆...........10克
高筋面粉...........适量

做法

（1）将低筋面粉和泡打粉混合后过筛。将无盐黄油切成丁，放入打蛋盆中与粉类混合，用手摩擦混合至呈颗粒状。

（2）加入牛奶、打散的蛋液和巧克力豆拌匀，用手按压，揉成面团。

（3）将面团用保鲜膜包好，入冰箱冷藏15分钟后取出。

（4）将高筋面粉撒在台面上，用擀面杖将面团延展至2cm厚。用直径6cm的模具（或玻璃杯口）压取圆形面团。

（5）将圆形面团排放在烤盘中，用刷子在表面涂上牛奶（未在材料中列出），放入已预热的烤箱，用180℃烘焙25分钟即可。

柠檬茶英式松饼

柠檬与红茶融为一体

散发出淡淡清香

材料

直径6 cm的模具1个（8份）

无盐黄油…………50克
松饼粉…………200克
柠檬皮蓉…………2茶匙
红茶茶叶…………20克
牛奶…………20毫升
鸡蛋…………1个
高筋面粉…………适量

做法

（1）将红茶茶叶用热水浸泡5分钟，滤去杂质，待用。

（2）将无盐黄油切成丁，放入打蛋盆中和松饼粉混合，用手摩擦混合至呈颗粒状。

（3）加入柠檬皮蓉、红茶茶叶、牛奶、鸡蛋拌匀，用手按压，揉成面团。将面团用保鲜膜包好，入冰箱冷藏15分钟后取出。

（4）将高筋面粉撒在台面上，用擀面杖将面团延展至2cm厚。用直径6cm的模具（或玻璃杯口）压取圆形面团。

（5）将圆形面团排放在烤盘中，用刷子在表面涂上牛奶（未在材料中列出），放入已预热的烤箱，用190℃烘焙15分钟即可。

玉米英式松饼

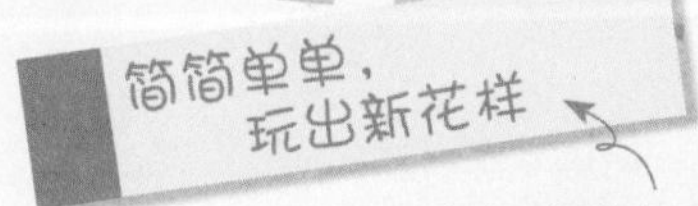

加入饱满的玉米粒，
并切成三角形

材料

16份

无盐黄油…………50克
松饼粉…………200克
牛奶…………20毫升
鸡蛋…………1个
玉米粒…………40克
高筋面粉…………适量

做法

（1）将无盐黄油切成丁，放入打蛋盆中和松饼粉混合，用手摩擦混合至呈颗粒状。

（2）加入牛奶、鸡蛋、玉米粒拌匀，用手按压，揉成面团。将面团用保鲜膜包好，入冰箱冷藏15分钟后取出。

（3）将高筋面粉撒在台面上，用擀面杖将面团延展至2 cm厚，切成三角形。

（4）将面团排放在烤盘中，用刷子在表面涂上牛奶（未在材料中列出），放入已预热的烤箱，用190℃烘焙20分钟即可。

金黄色的热香饼，挤上奶油，再淋上甜丝丝的枫糖浆，一份完美的早餐便诞生了！注意要以小火慢慢加热，以免煎焦香饼。

煎烤

原味热香饼

煎烤时间
5～10分钟

材料

4份

鸡蛋................1个
牛奶............150毫升
松饼粉............180克
奶油..............适量
枫糖浆............适量
薄荷叶............适量

做法

1 制作热香饼面糊

将鸡蛋打散，倒入牛奶拌匀，再加入松饼粉拌匀。

平底锅加热后摆在湿布上，是为了使平底锅整体受热均匀。若使用铁制平底锅，则需要先涂一层色拉油，再抹掉油分，然后进行上述程序。

2 加热平底锅

将平底锅用中火慢慢加热后，静置于湿布上冷却片刻。

3 煎烤热香饼

再用小火加热，倒入1汤匙热香饼面糊，待表面出现气泡时翻面，继续煎烤1～2分钟。

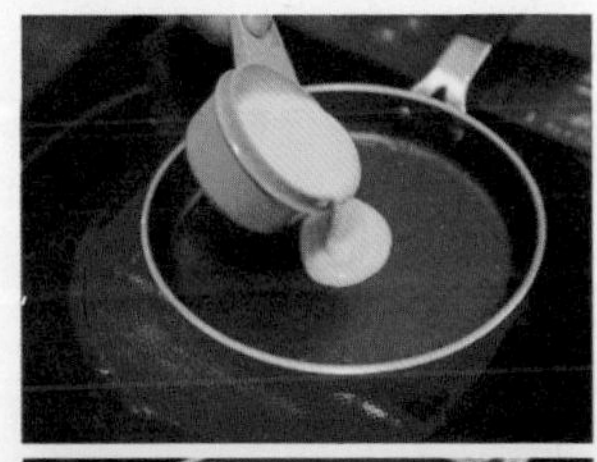

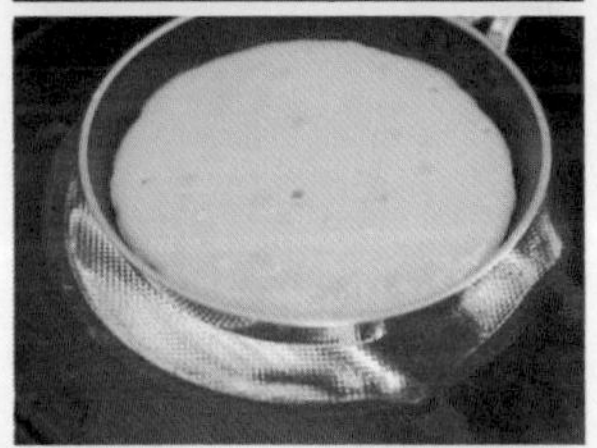

4 完成装饰

盛盘后挤上奶油，淋上枫糖浆，再用薄荷叶装饰即可。

焦糖大理石热香饼

用焦糖酱做出大理石花纹，好吃又好看

材料

4份

鸡蛋……………………1个

牛奶……………150毫升

松饼粉……………200克

焦糖酱……………1汤匙

做法

（1）将鸡蛋打散，倒入牛奶拌匀，再加入松饼粉，拌匀成面糊。

（2）取1/3面糊和焦糖酱混合均匀，待用。

（3）平底锅用中火慢慢加热后，静置于湿布上冷却片刻。

（4）再用小火加热，同时倒入2种不同风味的面糊，用筷子稍微搅拌。待表面出现气泡时翻面，继续煎烤1～2分钟即可。

蓝莓热香饼

搭配蓝莓酱味道更好

材料

4份

鸡蛋……………………1个

牛奶……………150毫升

原味芝士………100毫升

松饼粉……………150克

蓝莓………………100克

做法

（1）将鸡蛋、牛奶、原味芝士混合后拌匀，再加入松饼粉，拌匀成面糊。

（2）平底锅用中火慢慢加热后，静置于湿布上冷却片刻。

（3）再用小火加热，倒入1汤匙面糊，放入蓝莓。待表面出现气泡时翻面，继续煎烤1～2分钟即可。

蓝莓水分较多，若直接混入面糊，会令果汁渗入，出现大理石般的花纹，因此要先将面糊倒入平底锅后再放蓝莓。

香蕉热香饼

材料

4份

鸡蛋................1个
牛奶............150毫升
原味芝士........100毫升
松饼粉............150克
香蕉（切片）.........2根

做法

（1）将鸡蛋、牛奶、原味芝士混合后拌匀，再加入松饼粉，拌匀成面糊。

（2）平底锅用中火慢慢加热后，静置于湿布上冷却片刻。

（3）再用小火加热，倒入1汤匙面糊，再放入香蕉片。待表面出现气泡时翻面，继续煎烤1 ~ 2分钟即可。

酸奶油热香饼

口味酸甜，绝对美味

酸奶油搭配水果酱

材料

6份

鸡蛋................1个
牛奶............150毫升
松饼粉............200克
酸奶油............100克
草莓酱...........2汤匙
水果...............适量

做法

（1）将鸡蛋打散，倒入牛奶拌匀，再加入松饼粉，拌匀成面糊。

（2）平底锅用中火慢慢加热后，静置于湿布上冷却片刻。再用小火加热，倒入1汤匙面糊，待表面出现气泡时翻面，继续煎烤1 ~ 2分钟。

（3）将酸奶油和草莓酱拌匀，涂抹在煎好的热香饼上，盛盘，放上水果作装饰即可。

松化的口感、漂亮的扭花，还带着浓郁的黄油香味。以糖粉代替砂糖，这样做出来的曲奇花纹就能够条条分明！

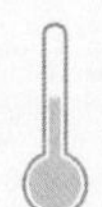

烘焙

黄油曲奇

烘焙时间 15分钟

温度 170℃

材料

20块

无盐黄油	60克	鸡蛋	1个
细砂糖	30克	低筋面粉	100克

做法

1 黄油打至软滑

将无盐黄油置于室温回软，加入细砂糖，打至软滑。

2 加入鸡蛋、面粉

慢慢加入打散的蛋液，拌匀后筛入低筋面粉，拌匀成面糊。

如果一次性倒入蛋液，或在冰冷的状态下倒入，会使无盐黄油结块，成品口感变差。

3 挤成花形面糊

把面团放入裱花袋中，在烤盘上挤出花形面糊，入冰箱冷藏30分钟。

4 入烤箱烘焙

从冰箱取出后放入已预热的烤箱，用170℃烘焙15分钟即可。

如何烤出花纹清晰、漂亮的曲奇？

曲奇花纹消失主要是因为黄油过度打发，令面糊的延展性过高。如果想避免长时间打发黄油，可以选用颗粒较细的糖粉代替砂糖，以降低面糊的延展性。

加了燕麦的巧克力曲奇，纤维更多，更易饱腹且健康，是不错的办公室零食。冷藏的步骤让曲奇面团易于切件，不可忽略！

烘焙

燕麦巧克力曲奇

烘焙时间 12~15分钟

温度 180℃

材料

20块

无盐黄油..........100克
细砂糖.............40克
鸡蛋................1个
低筋面粉..........150克
苏打粉..........1/2茶匙
可可粉.............10克
巧克力豆..........100克
快熟燕麦片.........10克

做法

1 无盐黄油打至软滑

将无盐黄油置于室温回软，加入细砂糖，打至软滑。

2 加入鸡蛋，筛入粉类

加入鸡蛋拌匀，筛入低筋面粉、苏打粉、可可粉。

3 加入其他材料

加入巧克力豆和快熟燕麦片，拌匀成面团。

冷却后面团更易于操作，若冷藏30分钟后面团仍太软，可以继续冷藏。

4 入冰箱冷藏

将面团揉成圆柱体，包上保鲜膜，入冰箱冷藏30分钟。

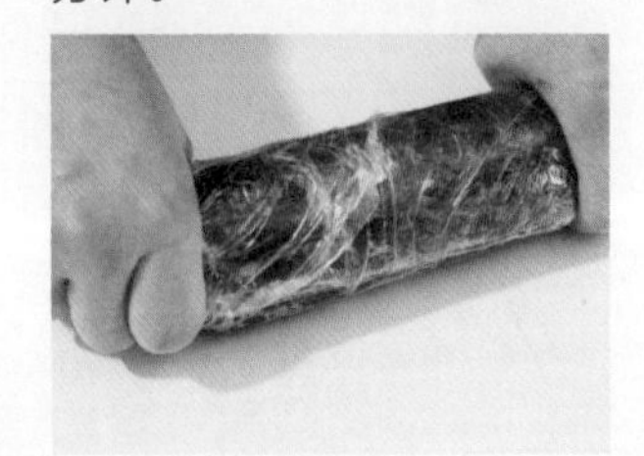

5 切成小块，入烤箱烘焙

从冰箱取出后，用刀把面团切成小块，摆在已抹油（未在材料中列出）的烤盘上，放入已预热的烤箱，用180℃烘焙12～15分钟即可。

一块曲奇，
双重享受

加入可可粉，
做出漂亮的云石花纹

云石曲奇

材料

20块

白面团

低筋面粉..........300克
细砂糖............200克
鸡蛋................1个
无盐黄油（已融化）...220克

黑面团

低筋面粉..........260克
细砂糖............200克
鸡蛋................1个
无盐黄油（已融化）...220克
可可粉............40克

做法

（1）分别将白面团材料和黑面团材料拌匀，搓成面团。

（2）将黑面团和白面团混合，搓成云石花纹的圆柱形，入冰箱冷藏至硬。

（3）从冰箱取出后切成小块，摆在已抹油（未在材料中列出）的烤盘上，放入已预热的烤箱，用130℃烘焙20分钟即可。

纯蛋白搭配香脆的杏仁片

健康、低脂，
口感更丰富

低脂杏仁曲奇

材料

20块

杏仁片............220克
蛋白................3个
细砂糖............150克
香草香油..........1茶匙
低筋面粉..........2汤匙

做法

（1）将把杏仁片用搅拌机打碎，加入蛋白、细砂糖、香草香油，筛入低筋面粉，拌匀成面团。

（2）用汤匙把面团盛至烤盘上，再压扁成圆形。

（3）放入已预热的烤箱，用170℃烘焙15分钟即可。

伯爵曲奇

加入伯爵茶汁

醇香美味

材料

20块

低筋面粉……180克
伯爵茶包……2个
热水……3汤匙
无盐黄油……70克
细砂糖……80克
盐……1/4茶匙
蛋黄……1个

做法

(1) 将低筋面粉过筛，伯爵茶包用热水冲泡，待用。

(2) 将无盐黄油置于室温回软，加入细砂糖和盐，打至呈奶白色，加入蛋黄、伯爵茶和低筋面粉，拌匀成面团。

(3) 将面团入冰箱冷藏至硬后取出，稍压薄后用刀切块，放入已预热的烤箱，用180℃烘焙10分钟即可。

清爽迷人

椰丝曲奇

香脆曲奇伴着淡淡椰香

材料

20块

无盐黄油……250克
细砂糖……200克
盐……1/4茶匙
鸡蛋……1个
低筋面粉……250克
发粉……2茶匙
椰丝……70克

做法

(1) 将无盐黄油、细砂糖和盐拌匀，加入鸡蛋，打发，加入50克椰丝拌匀。

(2) 筛入低筋面粉和发粉，拌匀成面团。

(3) 用汤匙把面团盛至烤盘上，再搓成球状。

(4) 在表面撒上剩余的椰丝，放入已预热的烤箱，用170℃烘焙20分钟即可。

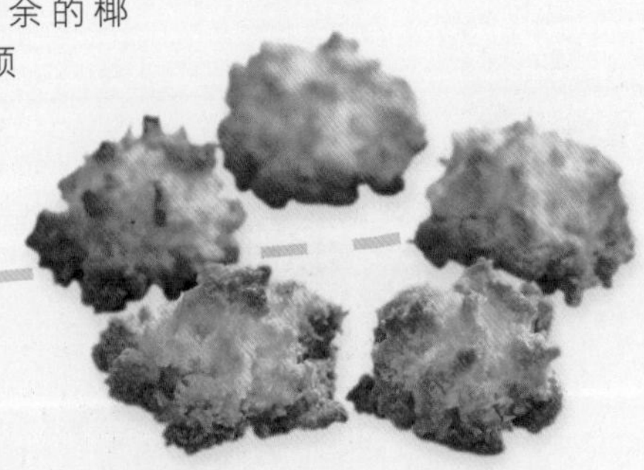

色彩缤纷的马卡龙，既精致又美味，是女生无法抗拒的甜点！若想制作出锯齿状裙边，要待面糊表面干燥后再放进烤箱！

烘焙

可可马卡龙

烘焙时间
15分钟

温度
150～210℃

材料
15份

马卡龙面糊

- 蛋白…………50克
- 细砂糖…………25克
- 杏仁粉…………40克
- 糖粉…………30克
- 可可粉…………5克

- 无盐黄油…………100克
- 鸡蛋…………1个
- 水…………2汤匙
- 细砂糖…………40克
- 焦糖酱…………1汤匙

做法

> 蛋白温度越低，越能打出细致、坚实的气泡，打发后稳定性也较好。

1 打发蛋白

取冷藏过的蛋白，分 3 次加入细砂糖，打发成蛋白霜。

2 筛入粉类

将杏仁粉、糖粉、可可粉混合，分 2 次筛入蛋白霜中，拌匀后将面糊表面抹平，再由底部刮起，反复翻面 10 次。

> 让面糊表面干燥才能烤出有锯齿状裙边的马卡龙。裱花袋的使用方法详见 p92。

3 裱出圆形面糊

将面糊装入直径 1 cm 的圆口裱花袋中，挤在铺了烤盘纸的烤盘上，在室温下静置 30 分钟，使面糊表面干燥。

4 入烤箱烘烤

放入已预热的烤箱，用 210 ℃ 烘焙 2 分钟，再用 150℃ 烘焙 13 分钟，取出后放凉。

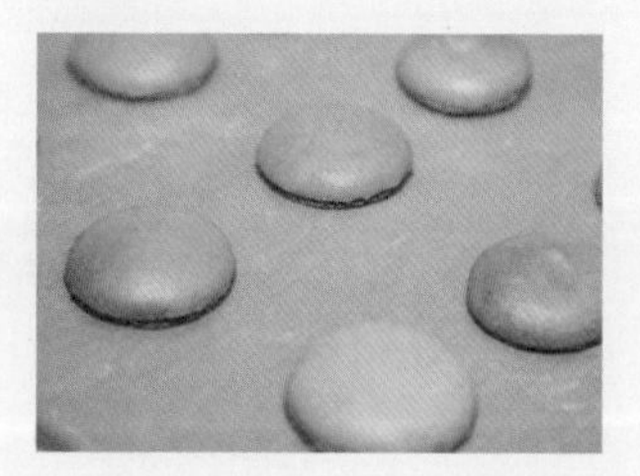

> 当出现气泡时水温已超过 100℃，切勿用手测试。

5 制作黄油酱

将无盐黄油打至浓稠，鸡蛋打至稍微起泡，待用。将细砂糖放至开水中，煮至细砂糖溶化，加热至有气泡自锅底涌起，晾凉后倒入蛋液中，打至发泡呈白色，分 3 次加入无盐黄油，继续搅拌至柔滑。

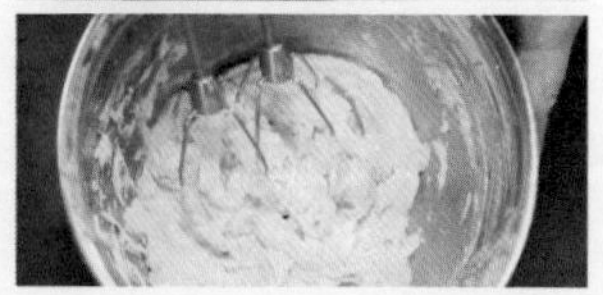

6 在两片马卡龙中间挤入馅料

将黄油酱与焦糖酱拌匀，装入裱花袋中，挤入两片马卡龙中间，入冰箱冷藏即可。

粉红马卡龙

加入香草香油

清香好味道

材料

15份

马卡龙面糊

蛋白..............50克

细砂糖..............25克

红色食用色素.......少许

杏仁粉..............60克

糖粉..............80克

馅料

无盐黄油..........100克

鸡蛋..............1个

水..............2汤匙

细砂糖..............40克

香草香油............3滴

做法

(1) 取冷藏过的蛋白，分3次加入细砂糖，打发成蛋白霜，一点点加入红色食用色素，直到出现理想颜色。

(2) 将杏仁粉、糖粉混合后过筛，分2次倒入蛋白霜里，拌匀成面糊，抹平表面，再由底部刮起，反复翻面10次。

(3) 将面糊装入直径1cm的圆口裱花袋中，挤在铺了烤盘纸的烤盘上，在室温下静置30分钟，使面糊表面干燥。

(4) 放入已预热的烤箱，用210℃烘焙2分钟，再用150℃烘焙13分钟，取出后放凉。

(5) 制作好黄油酱（见p147），拌入香草香油，装入裱花袋中，挤在两片马卡龙中间，入冰箱冷藏即可。

蓝莓马卡龙

加入蓝莓酱

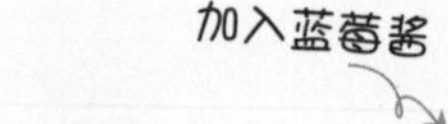

材料

15份

马卡龙面糊

蛋白..............50克

细砂糖..............25克

杏仁粉..............60克

糖粉..............80克

馅料

无盐黄油..........100克

鸡蛋..............1个

水..............2汤匙

细砂糖..............40克

蓝莓酱..............20克

做法

(1) 取冷藏过的蛋白，分3次加入细砂糖，打发成蛋白霜。

(2) 将杏仁粉、糖粉混合后过筛，分2次倒入蛋白霜里，拌匀成面糊，抹平表面，再由底部刮起，反复翻面10次。

(3) 将面糊装入直径1cm的圆口裱花袋中，挤在铺了烤盘纸的烤盘上，在室温下静置30分钟，使面糊表面干燥。

(4) 放入已预热的烤箱，用210℃烘焙2分钟，再用150℃烘焙13分钟，取出后放凉。

(5) 制作好黄油酱（见p147），拌入蓝莓酱，装入裱花袋中，挤在两片马卡龙中间，入冰箱冷藏即可。

柠檬马卡龙

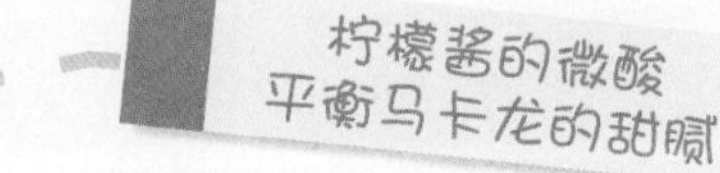

材料

15份

马卡龙面糊

蛋白……………50克
细砂糖……………25克
杏仁粉……………60克
糖粉……………80克

馅料

无盐黄油……………100克
鸡蛋……………1个
水……………2汤匙
细砂糖……………40克
柠檬酱……………20克

做法

(1) 取冷藏过的蛋白，分3次加入细砂糖，打发成蛋白霜。

(2) 将杏仁粉、糖粉混合后过筛，分2次倒入蛋白霜里，拌匀成面糊，抹平表面，再由底部刮起，反复翻面10次。

(3) 将面糊装入直径1cm的圆口裱花袋中，挤在铺了烤盘纸的烤盘上，在室温下静置30分钟，使面糊表面干燥。

(4) 放入已预热的烤箱，用210℃烘焙2分钟，再用150℃烘焙13分钟，取出后放凉。

(5) 制作好黄油酱（见p147），拌入柠檬酱，装入裱花袋中，挤在两片马卡龙中间，入冰箱冷藏即可。

抹茶马卡龙

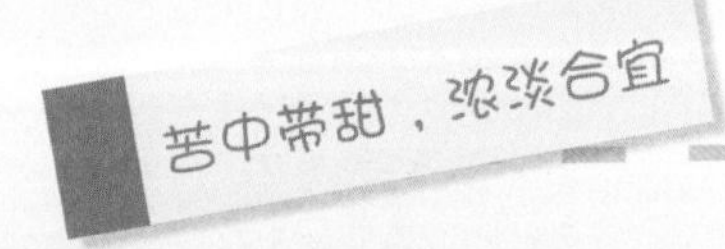

材料

15份

马卡龙面糊

蛋白……………50克
细砂糖……………25克
绿色食用色素……………适量
杏仁粉……………60克
糖粉……………80克

馅料

无盐黄油……………100克
鸡蛋……………1个
水……………2汤匙
细砂糖……………40克
抹茶酱……………20克

做法

(1) 取冷藏过的蛋白，分3次加入细砂糖，打发成蛋白霜。一点点加入绿色食用色素，直到出现理想颜色。

(2) 将杏仁粉、糖粉混合后过筛，分2次倒入蛋白霜里，拌匀成面糊，抹平表面，再由底部刮起，反复翻面10次。

(3) 将面糊装入直径1cm的圆口裱花袋中，挤在铺了烤盘纸的烤盘上，在室温下静置30分钟，使面糊表面干燥。

(4) 放入已预热的烤箱，用210℃烘焙2分钟，再用150℃烘焙13分钟，取出后放凉。

(5) 制作好黄油酱（见p147），拌入抹茶酱，装入裱花袋中，挤在两片马卡龙中间，入冰箱冷藏即可。

如何烤出有裙边的马卡龙?

烘烤马卡龙时面糊表面温度上升最快，内部温度则上升较慢，当内部温度开始上升时，表面已经定型，导致面糊只能往底部膨胀，形成裙边。要烤出好看的裙边，入烤箱前可以将马卡龙面糊放置在通风处片刻，让表面稍微干燥，以更快形成硬壳；烘焙时使用硅胶垫，防止底部过早定型，也可以在烤盘下放一个空烤盘，来隔绝底部部分热量。

没有专业冰激凌机，一样能做出经典的香草冰激凌！制作过程中要反复拌松，这样才能成功做出口感软滑的冰激凌！

冷冻

经典香草冰激凌

冷冻时间
5.5小时

材料

4人份

香草荚............1/2根
牛奶............160毫升
蛋黄................2个
细砂糖............64克
甜奶油............200克
水..............125毫升

做法

1 刮出香草籽

将香草荚切开，刮下香草籽。

如果时间充裕，可以待牛奶冷却后放入冰箱冷藏一晚，然后再次加热至快沸腾状态，这样香草的味道会更浓郁。

2 加热牛奶和香草籽

在小锅内倒入牛奶、香草籽，加热至快沸腾。

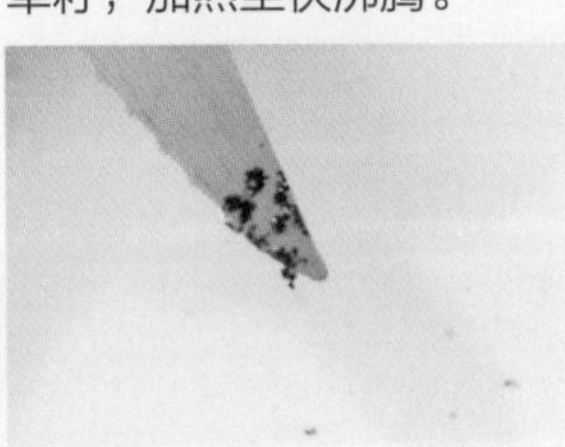

若一次性加入牛奶中，蛋黄会容易结块。

3 打发蛋黄，倒入牛奶中

将蛋黄和细砂糖混合，打发至呈乳白色，分2次倒入牛奶锅内，用小火煮至浓稠，熄火，隔冰水拌匀。

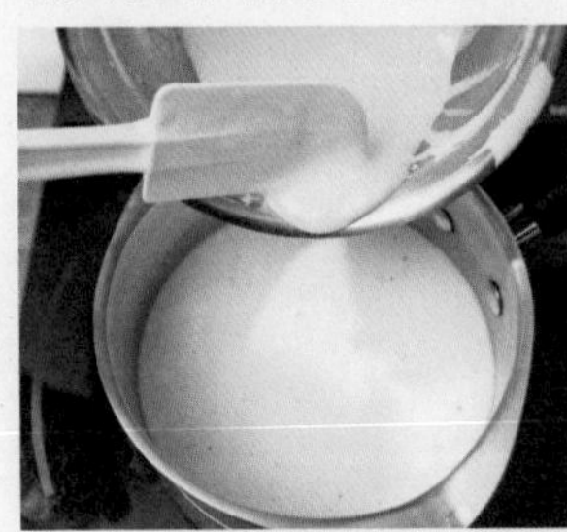

4 加入发泡奶油

将甜奶油打至七成发，然后将所有材料混合均匀。

一定要充分搅拌，这样才能让冰激凌口感滑润。

5 冷冻

入冰箱冷冻1小时，取出，拌松后再入冰箱冷冻30分钟。重复此步骤4～5次，然后冷冻4小时至凝固，取出，稍作装饰即可。

微苦的黑巧克力搭配甘甜的咖啡酒，味道醇香！主餐以后来一颗小巧克力咖啡冰激凌球，清爽又解腻！

冷冻

巧克力咖啡冰激凌

冷冻时间
5.5小时

材料

4人份

- 牛奶............125毫升
- 细砂糖.............70克
- 黑巧克力...........80克
- 可可粉.............30克
- 速溶咖啡粉.........14克
- 甜奶油............125克
- 咖啡酒.............40毫升

做法

牛奶应该加热至即将沸腾，但尚未沸腾的程度，温度为 80 ~ 90℃。

1 加热牛奶和黑巧克力

将牛奶用小火加热，加入细砂糖，煮至细砂糖溶化后熄火，加入黑巧克力拌匀。

2 加入粉类

加入可可粉和速溶咖啡粉，隔冰水拌匀，再过筛。

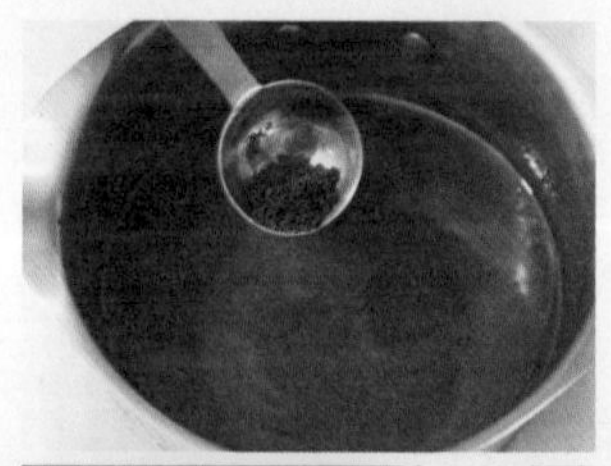

3 加入发泡甜奶油

将甜奶油打至七成发，然后将所有材料混合均匀。

4 冷冻

入冰箱冷冻 1 小时，取出，拌松后再入冰箱冷冻 30 分钟。重复此步骤 4 ~ 5 次，最后冷冻 4 小时至凝固即可。

如何使用冰激凌机制作冰激凌？

市面上现在有售各种各样的冰激凌机，操作简便，且节省了重复拌松冰激凌的时间。只需要按照说明书，将拌匀的材料倒入冰激凌机内，搅拌约 20 分钟即可。搅拌后的冰激凌通常比较柔软，如果想硬一点，可以再放入冰箱冷冻。

立刻俘虏你的胃

香气十足的开心果，搭配香浓的白巧克力和奶油

白巧克力冰激凌

材料

6人份

牛奶............250毫升
细砂糖.............80克
白巧克力..........120克
甜奶油............250克
开心果仁...........60克

做法

（1）牛奶用小火加热，加入细砂糖，煮至细砂糖溶化后熄火，加入白巧克力拌匀。

（2）将甜奶油打至七成发，加入巧克力牛奶溶液中，隔冰水拌匀。

（3）加入开心果仁拌匀，入冻箱冷冻1小时，取出，拌松后再入冰箱冷冻30分钟。重复此步骤4 ~ 5次，最后冷冻4小时至凝固即可。

黑巧克力的微苦搭配淡淡的薄荷清香

给你不一样的凉爽滋味

巧克力薄荷冰激凌

材料

4人份

蛋黄...............3个
细砂糖.............60克
牛奶............250毫升
薄荷叶.............适量
淡奶油............125克
黑巧克力碎.........80克

做法

（1）将蛋黄和细砂糖混合，打至呈乳白色。

（2）牛奶用小火煮沸后熄火，加入洗净的薄荷叶，盖上锅盖闷15分钟，再放入搅拌机中搅拌成绿色液体，过滤待用。

（3）将牛奶重新煮至快沸腾后熄火，分3次加入蛋黄溶液拌匀，隔冰水降温。

（4）将甜奶油打至七成发，加入蛋黄牛奶溶液中拌匀。

（5）入冰箱冷冻1小时，取出，加入黑巧克力碎，拌松后再入冰箱冷冻30分钟。重复此步骤4 ~ 5次，最后冷冻4小时至凝固即可。

咖啡冰激凌

充分展现咖啡的韵味

散发出浓浓酒香

材料

4人份

鸡蛋……………2个
细砂糖……………100克
香草香油……………1/2茶匙
甜奶油……………500克
热水……………4汤匙
速溶咖啡粉……………2汤匙
咖啡酒……………5汤匙

做法

（1）将鸡蛋和细砂糖拌匀，隔热水打至起泡，加入香草香油，搅拌至凉。

（2）将甜奶油打至七成发，加入鸡蛋溶液拌匀。

（3）将热水和速溶咖啡粉拌匀，然后将所有材料混合均匀。

如果没有速溶咖啡粉，可用罐装特浓咖啡代替，但由于罐装特浓咖啡已加糖，所以应酌量减少糖的分量。

（4）入冰箱冷冻1小时，取出，拌松后再入冰箱冷冻30分钟。重复此步骤4～5次，最后冷冻4小时至凝固即可。

提拉米苏冰激凌

马斯卡彭芝士搭配吸足咖啡酒的手指饼干

重现经典的意式风味

材料

4人份

蛋黄……………2个
细砂糖……………90克
牛奶……………100毫升
马斯卡彭芝士……………200克
柠檬汁……………1茶匙
发泡甜奶油……………80克
速溶咖啡粉……………1茶匙
糖粉……………1汤匙
热水……………2汤匙
咖啡酒……………1/2茶匙
手指饼干……………4块

做法

（1）将蛋黄和细砂糖混合，打至呈乳白色，分2次倒入温热的牛奶，用小火煮至浓稠，熄火。

（2）将马斯卡彭芝士搅拌至顺滑，逐次少量加入冷却后的蛋黄牛奶溶液，再加入柠檬汁拌匀，隔冰水降温，加入发泡甜奶油混合均匀。

（3）入冰箱冷冻1小时，取出，拌松后再入冰箱冷冻30分钟。重复此步骤4～5次，再冷冻4小时。

（4）将速溶咖啡粉和糖粉倒入热水中溶解，再加入咖啡酒拌匀，淋在已掰成小块的手指饼干上。待冰激凌完成后，拌入手指饼干，放入冰箱冷冻即可。

红粉的冰激凌球，看上去真诱人！加入柠檬汁，做出酸酸甜甜的味道。如果想让口感更丰富，可以加入草莓粒。

冷冻

草莓冰激凌

冷冻时间
5.5小时

材料

4人份

草莓……………150克
牛奶……………125毫升
蛋黄……………3个
细砂糖……………90克
柠檬汁……………20毫升
甜奶油……………125克

做法

1 准备

将草莓去蒂，洗净，用搅拌机打成蓉。牛奶用小火加热，待用。

2 混合牛奶和发泡蛋黄

若一次性加入牛奶中，蛋黄会容易结块。

将蛋黄和细砂糖混合，打至呈乳白色，分2次加入温热的牛奶中，用小火煮至浓稠，熄火。

3 加入柠檬汁和草莓蓉

加入柠檬汁、草莓蓉，隔冰水拌匀。

4 加入发泡甜奶油

将甜奶油打至七成发，然后将所有材料混合均匀。

5 冷冻

如果想让冰激凌更有草莓口感，可以将部分草莓切成小粒，再加入溶液中冷冻便可。

入冰箱冷冻1小时，取出，拌松后再入冰箱冷冻30分钟。重复此步骤6次，最后冷冻4小时至凝固即可。

蓝莓芝士冰激凌

蓝莓和芝士搭配

清新爽口

材料

6人份

蓝莓……………30克
蛋黄……………3个
细砂糖…………4汤匙
淡奶……………125毫升
原味芝士………500毫升
柠檬汁…………1茶匙

做法

（1）将蓝莓洗净，压成蓉。

（2）将蛋黄和细砂糖混合，打至呈乳白色。

（3）将淡奶煮至起泡，熄火，然后将所有材料混合均匀，再用小火煮至浓稠。

（4）晾凉后入冰箱冷冻30分钟，取出，拌松后再冷冻30分钟。重复此步骤6次，最后冷冻至凝固即可。

芒椰冰激凌

芒果和椰浆搭配

充满热带风情

材料

4人份

芒果……………2个
椰浆……………125毫升
柠檬汁…………1汤匙
细砂糖…………70克
甜奶油…………125克

做法

（1）将芒果起肉，取一半切粒，待用。

（2）将剩余的芒果肉、椰浆、柠檬汁和细砂糖用搅拌机打成蓉。

（3）将甜奶油打至浓稠，然后将所有材料混合均匀，入冰箱冷冻1小时，取出，拌松后再冷冻至凝固即可。

朗姆酒提子冰激凌

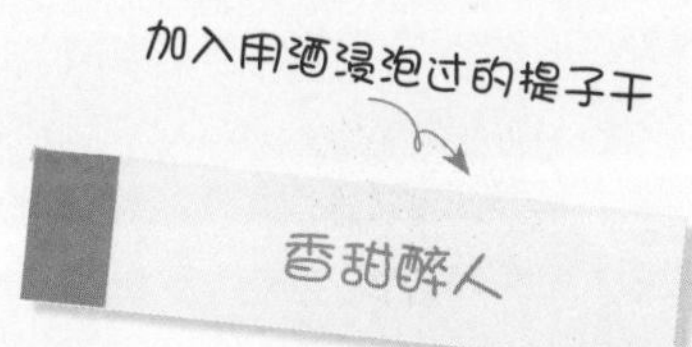

材料

4人份

黑提子干 50克
朗姆酒 3汤匙
牛奶 125毫升
蛋黄 2个
细砂糖 80克
甜奶油 160克

做法

(1) 将黑提子干和朗姆酒拌匀，入冰箱冷藏3小时。

(2) 将牛奶用小火加热，加入蛋黄和细砂糖，煮至细砂糖溶化，隔冰水拌匀。

(3) 将甜奶油打至浓稠，然后将所有材料混合均匀，入冰箱冷冻1小时，取出，拌松后再冷冻至凝固即可。

栗子冰激凌

将栗子奶油酱融入冰激凌，再拌入吸足白兰地的栗子

材料

4人份

糖水栗子 80克
白兰地 2汤匙
牛奶 125毫升
蛋黄 2个
细砂糖 4汤匙
栗子奶油酱 125毫升
甜奶油 125克

做法

(1) 将糖水栗子切碎，加入白兰地拌匀，待用。

(2) 将牛奶用小火加热，加入蛋黄和细砂糖，煮至细砂糖溶化。

(3) 加入栗子拌匀，加入栗子奶油酱，隔冰水拌匀。

(4) 将甜奶油打至浓稠，然后将所有材料混合均匀，入冰箱冷冻1小时，取出，拌松后再冷冻至凝固即可。

以芋蓉为主料，制作充满日式风味的冰激凌。除了淡紫色给人带来童话感，芋蓉的纤维也令冰激凌的口感与众不同！

冷冻

芋头冰激凌

冷冻时间
5.5小时

材料

4人份

牛奶……………160毫升
炼乳……………40毫升
芋蓉……………200克
蛋黄……………2个
细砂糖……………30克
芋头味香油……………3滴
甜奶油……………200克

做法

1 加热芋蓉、牛奶

将牛奶和炼乳置于锅中，加入芋蓉拌匀，用小火加热。

2 加入蛋黄

若一次性加入芋蓉牛奶溶液中，蛋黄会容易结块。

将蛋黄和细砂糖混合，打至呈淡黄色，分2次加入芋蓉牛奶溶液中，煮至浓稠，熄火。

3 加入芋头味香油

加入芋头味香油，隔冰水拌匀。

4 加入发泡甜奶油

将甜奶油打至七成发，然后将所有材料混合均匀。

5 冷冻

入冰箱冷冻1小时，取出，拌松后再入冰箱冷冻30分钟。重复此步骤6次，最后冷冻4小时至凝固即可。

加入红豆蓉

红豆冰激凌

材料

4人份

鸡蛋……………2个
细砂糖……………40克
甜奶油……………250克
红豆蓉……………125毫升

做法

（1）将蛋黄和蛋白分开。

（2）将蛋黄和细砂糖混合，拌打至呈淡黄色。

（3）将甜奶油充分打发，加入蛋黄溶液和红豆蓉拌匀，入冰箱冷冻至半凝固，取出，拌松。

（4）将蛋白充分打发，加入红豆冰激凌内拌匀，入冰箱冷冻30分钟。取出，拌松后再入冰箱冷冻。重复此步骤3次，最后冷冻至凝固即可。

浓郁的抹茶搭配
甜腻的蜜红豆

红豆抹茶冰激凌

层次丰富，
让人无法拒绝

材料

8人份

牛奶……………400毫升
绿茶粉……………3汤匙
蛋黄……………4个
细砂糖……………100克
玉米淀粉……………1汤匙
甜奶油……………375克
蜜红豆……………100克

做法

（1）将牛奶加热，加入绿茶粉拌匀，熄火，待用。

（2）将蛋黄和细砂糖混合，打至呈淡黄色。

（3）将绿茶牛奶、蛋黄溶液和玉米淀粉拌匀，煮至浓稠，隔冰水降温。

（4）将甜奶油打发，加入绿茶溶液中，拌至浓稠，再加入蜜红豆拌匀。

（5）入冰箱冷冻30分钟，取出，拌松后再入冰箱冷冻。重复此步骤4次，最后冷冻至凝固即可。

黑芝麻的香气和浓郁的奶香搭配

黑芝麻冰激凌

材料

4人份

蛋黄……………2个

细砂糖……………50克

牛奶……………150毫升

玉米淀粉……………1汤匙

黑芝麻粉……………4汤匙

甜奶油……………200克

做法

(1) 将蛋黄和细砂糖混合，打至呈淡黄色；玉米淀粉与3汤匙牛奶混合，拌匀，待用。

(2) 将剩余牛奶用小火加热，分2次加入蛋黄溶液，再倒入玉米淀粉溶液和黑芝麻粉，煮至浓稠，隔冰水降温。

(3) 将甜奶油打至七成发，加入芝麻糊中拌匀。

(4) 入冰箱冷冻30分钟，取出，拌松后再入冰箱冷冻。重复此步骤4次，最后冷冻至凝固即可。

樱花冰激凌

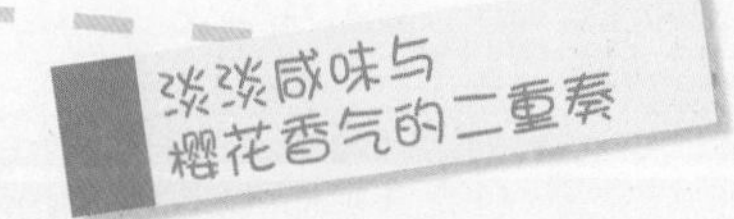

材料

4人份

盐渍樱花……………20克

蛋黄……………2个

细砂糖……………50克

牛奶……………150毫升

玉米淀粉……………1汤匙

甜奶油……………200克

做法

(1) 将盐渍樱花用热水浸泡，去除盐分，再用厨房纸吸干，取一半分量切碎，磨成泥状。

(2) 将蛋黄和细砂糖混合，打至呈淡黄色。

(3) 将牛奶用小火加热，分2次加入蛋黄溶液，再倒入玉米淀粉、樱花泥，煮至浓稠，熄火，隔冰水降温。

(4) 将甜奶油打至七成发，倒入牛奶溶液中拌匀。

(5) 入冰箱冷冻30分钟，取出，拌松后再入冰箱冷冻。重复此步骤4次，最后冷冻至凝固即可。

只要加入甜奶油，像砖头一样硬的巧克力就能变得细滑、柔软！

冷藏

生巧克力

冷藏时间
2小时

材料

20 cm x 20 cm的方形烤模 1 个

烘焙用的牛奶巧克力...200克
无盐黄油............30克
甜奶油..............50克
无糖可可粉.........适量

做法

1 融化巧克力和黄油

将牛奶巧克力与无盐黄油一起倒入打蛋盆中，隔水加热至融化，拌匀。

2 加入甜奶油

须使用恢复至室温的甜奶油，避免巧克力因遇冷而凝固。

离火，加入甜奶油拌匀。

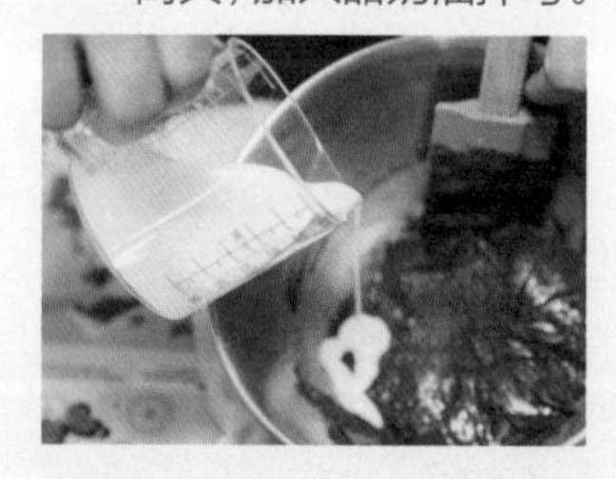

3 冷藏

倒入巧克力糊后，可轻轻摇动烤盘，使表面平整。

倒入铺好烤盘纸的烤模中，入冰箱冷藏 2 小时。

4 粘上可可粉

在砧板上铺一层烤盘纸，将无糖可可粉均匀地筛在烤盘纸上。将巧克力倒置于可可粉上，并剥掉巧克力底部的烤盘纸。

5 切粒

每切一次刀就要用温水加热一次，并拭去水分，切时动作须迅速。

用温热的刀将巧克力切成长约 1.5 cm 的立方体。最后在巧克力表面筛满无糖可可粉即可。

以可可粉包裹着的软心巧克力，入口即化，咖啡和蜂蜜的味道在口腔内久久不散，令人一试难忘！制作中的唯一难度在于把握好巧克力的软硬度，太软难以成形，太硬则不够软滑！

冷藏

松露巧克力

冷藏时间
2小时

材料

20 颗

烘焙用的牛奶巧克力 . . . 100克
黑巧克力 40克
甜奶油 40克
咖啡 3汤匙
蜂蜜 80毫升
无盐黄油 100克
可可粉 . . . . 适量

做法

1 融化巧克力

将牛奶巧克力和黑巧克力隔水加热至融化，拌匀成巧克力浆。

2 加热甜奶油和咖啡

用小火加热甜奶油和咖啡，再加入蜂蜜和无盐黄油，拌匀后待凉。

若室温超过18℃，须隔冷水拌匀材料，但要注意水温不可过低，否则巧克力会迅速凝固。

3 混合巧克力浆和其他材料

将巧克力浆置于室温下，用橡皮刮刀搅拌至可用裱花袋挤出的硬度，与奶油咖啡溶液拌匀。

可借助球状巧克力模具完成塑形。

4 挤成圆球形

装入直径 1 cm 的圆口裱花袋中，挤成圆球形。

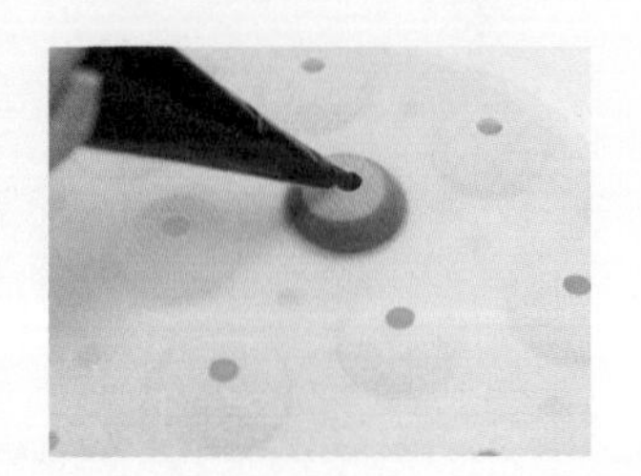

判断巧克力已凝固的方法：以手指触碰，没有巧克力粘在手指上即可。

5 冷藏后裹上可可粉

入冰箱冷藏 2 小时至凝固后取出，裹上可可粉即可。

绿茶松露巧克力

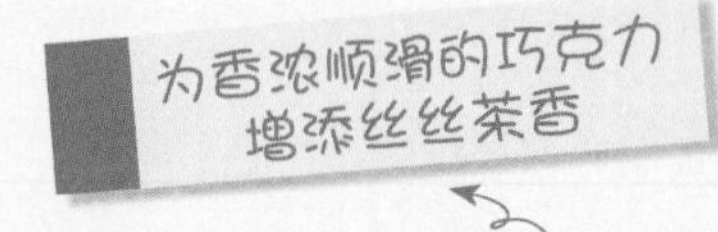

加入绿茶粉

材料

20颗

烘焙用的牛奶巧克力……150克
无盐黄油……100克
淡奶油……40克
绿茶粉……1汤匙
麦芽糖……3汤匙
可可粉……适量

做法

（1）将牛奶巧克力切碎，无盐黄油置于室温回软。

（2）用小火煮沸淡奶油，加入巧克力碎搅拌至溶化，加入绿茶粉、麦芽糖和无盐黄油拌匀。

（3）置于室温下，用橡皮刮刀搅拌至可用裱花袋挤出的硬度。

（4）装入直径1cm的圆口裱花袋中，挤成圆球形，入冰箱冷藏至凝固后在表面裹上可可粉即可。

如何制作出不易变形的松露巧克力？

用调过温的巧克力浆包裹巧克力外层，不仅可以避免松露巧克力融化，还可制作出漂亮的外形。

材料：烘焙用的巧克力100克。

做法：❶ 将巧克力调温后，取1小匙倒在掌心，放上松露巧克力，使它包裹上薄薄的一层巧克力浆，放于烤盘纸上待凝固。

❷ 用叉子叉起松露巧克力，迅速地再裹一层巧克力浆，在打蛋盆边缘抹去多余的巧克力浆，放在烤盘纸上待凝固。

调温方法：

❶ 将巧克力倒入打蛋盆中隔水加热，搅拌至融化，待温度为48℃时，停止加热。

❷ 将打蛋盆底部浸于冷水中，同时搅拌，使温度降至27℃。

❸ 再度将打蛋盆隔水加热（40～45℃），同时搅拌，使温度升至31～32℃。

伯爵茶松露巧克力

伯爵茶搭配牛奶巧克力

味道更香滑

材料

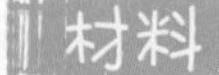

20 cm x 20 cm的方形烤模1个

烘焙用的牛奶巧克力……250克
淡奶油……170克
糖浆……2汤匙
伯爵茶叶……10克
无盐黄油……35克
可可粉……适量

做法

（1）将牛奶巧克力切碎，待用。

伯爵茶具有佛手柑的香气，搭配牛奶后味道更香、口感更滑，所以本食谱采用牛奶巧克力，而不宜用黑巧克力。

（2）用小火加热淡奶油，加入糖浆拌匀，加入伯爵茶叶，煮沸后熄火，盖上盖，静置10分钟。

（3）滤去茶叶，加入巧克力碎和无盐黄油拌匀。

（4）倒入模具中，入冰箱冷藏1小时，扣出后切成长1.5 cm的立方体，再裹上可可粉即可。

椰浆搭配白巧克力

给人如沐爱河的
甜蜜滋味

椰丝松露巧克力

材料

30 颗

白巧克力………… 470克
白巧克力壳………… 30个
甜奶油………… 2汤匙
椰浆………… 85毫升
椰丝………… 适量

做法

（1）将200克白巧克力隔水加热至融化，待用。

（2）用小火煮沸甜奶油和椰浆，拌匀后熄火，待凉。

（3）将270克白巧克力隔水加热至融化，加入奶油椰浆，拌匀后待凉。

（4）把椰浆巧克力倒入巧克力壳中，再倒入步骤（1）的已融化的白巧克力封底。

（5）在巧克力表面裹上少许余下的已融化的白巧克力，再裹上椰丝即可。

酒香的提子干搭配
浓滑的巧克力

提子干松露巧克力

材料

30 颗

奶油………… 300克
细砂糖………… 80克
黑巧克力………… 500克
无盐黄油………… 130克
提子干………… 100克
白兰地………… 85毫升
可可粉………… 适量

做法

（1）用小火煮沸奶油，加入细砂糖，煮至细砂糖溶化。

（2）待奶油稍凉，加入黑巧克力搅拌至溶化，加入无盐黄油、提子干和白兰地，拌匀。

（3）装入裱花袋中，挤成圆球形，置于室温下过夜，再在表面裹上可可粉即可。

杏仁巧克力

焦糖熬煮的杏仁，裹上已融化的巧克力和可可粉，制成口感清脆、果仁香浓郁的杏仁巧克力。只要轻轻咬上一口，就会被这美味折服，绝对值得一试！

材料

20颗

细砂糖……60克
水……40毫升
杏仁……20粒
无盐黄油……10克
烘焙用的牛奶巧克力……200克
可可粉……适量

做法

1 制作焦糖酱

在焦化过程中不要搅拌，因为搅拌会让空气进入糖浆中，影响糖的焦化过程，滚烫的糖浆还会附在勺子上，不易清洗。

将细砂糖和水倒入锅中，以中火加热至有气泡从锅底涌起。继续加热至糖液开始变色时，稍微晃动一下锅，使颜色分布均匀。加热至糖液呈焦糖色后熄火。

2 加入杏仁、无盐黄油

加入杏仁，搅拌，使杏仁表面裹上焦糖，再加入无盐黄油拌匀，待凉。

3 冷却杏仁

如果没有将杏仁一颗一颗分开，焦糖冷却后会凝结成一大块，因此一定要特别小心。

将杏仁移至硅胶垫或烤盘纸上并一一分开，冷却。

4 裹上已融化的巧克力

将牛奶巧克力隔水加热至融化，加入完全冷却的杏仁，上下翻动，使巧克力均匀地包裹杏仁。

5 筛上可可粉

用汤匙将杏仁巧克力盛至烤盘纸上，再筛上可可粉即可。

巧克力杏仁脆脆

加入薄脆和杏仁片

材料

20 颗

黑巧克力……………100克
薄脆……………………50克
杏仁片…………………50克

做法

（1）将杏仁片烤香，待用。
（2）将黑巧克力切碎，隔水加热至融化，加入薄脆和杏仁片拌匀。
（3）用汤匙盛起巧克力杏仁脆脆，放在锡纸上待凉至凝固即可。

如果不喜欢薄脆，可用玉米片或脆米等代替，但要采用无盐及低糖的，否则会影响成品的味道。

甜的爆米花搭配
微苦的黑巧克力

爆米花巧克力

最适合看电影的周末

材料

8 颗

黑巧克力……………100克
爆米花………………100克
白巧克力酱…………适量

做法

（1）将黑巧克力隔水加热至融化，加入爆米花，静置5分钟待凉，倒入盘内，入冰箱冷藏至稍硬。
（2）取出后分成8份，搓成球形，再入冰箱冷藏15分钟。
（3）在表面挤上白巧克力酱作装饰即可。

牛奶巧克力搭配栗子蓉

栗香和奶香完美融合，幸福感爆棚

栗子巧克力

材料

20 cm x 20 cm的方形烤模 1 个

甜奶油............200克
香草香油............3滴
栗子蓉............200克
无盐黄油............80克
牛奶巧克力........230克
朗姆酒............1汤匙
可可粉............适量

做法

（1）用小火煮沸甜奶油和香草香油，加入栗子蓉和无盐黄油，拌匀后熄火。

（2）将牛奶巧克力切碎，隔水加热至融化，加入栗子奶油和朗姆酒拌匀。

（3）倒入模具中，入冰箱冷藏至凝固，脱模后切成正方体，再裹上可可粉即可。

黑巧克力搭配浓香榛子酱

榛子巧克力方块

材料

20 cm x 20 cm的方形烤模 1 个

黑巧克力..........250克
淡奶油............375克
榛子酱............3汤匙
蜂蜜............2汤匙
可可粉............适量

做法

（1）将黑巧克力切碎，加入淡奶油，用小火煮至黑巧克力溶化。

（2）熄火后加入榛子酱和蜂蜜，拌匀。

（3）倒入模具中，入冰箱冷藏至凝固，脱模后切成正方体，再裹上可可粉即可。

薄脆的牛奶巧克力包裹着香浓的白兰地，一口咬下去，倾泻而出的酒心令人感觉超满足！甜奶油的甜味中和了白兰地的呛辣，并令中间的酒心更软滑。

冷藏

酒心巧克力

冷藏时间
1小时

材料

25颗

烘焙用的牛奶巧克力……200克
甜奶油……125克
白兰地……20毫升
巧克力壳……25个
可可粉……适量

做法

1 融化巧克力

将牛奶巧克力隔水加热至融化。

2 加入甜奶油和白兰地

依次加入甜奶油和白兰地拌匀。

3 挤入巧克力壳

装入裱花袋，挤入巧克力壳，再入冰箱冷藏5分钟。

4 撒上可可粉后冷藏

待巧克力半凝固后撒上适量可可粉，再放入冰箱冷藏1小时即可。

如何自制巧克力壳?

材料：巧克力壳模具25个，黑巧克力100克，黄油适量。

做法：
1. 将黑巧克力隔水加热至融化。
2. 用刷子沾上适量已融化的黑巧克力，均匀地刷在模具上。
3. 翻转模具，将多余的黑巧克力倒出。
4. 放入冰箱冷冻5分钟。
5. 再重复步骤②~④一次。

橙酒巧克力

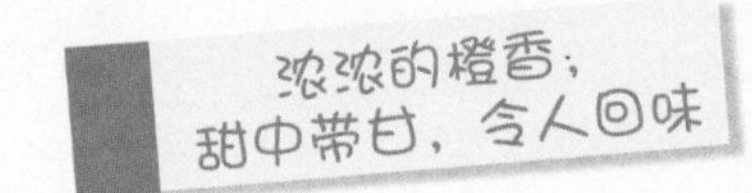

材料

20 cm x 20 cm的方形烤模1个

黑巧克力..........400克
无盐黄油...........35克
橙酒..............40毫升
淡奶油............125克
可可粉..............适量

做法

（1）将黑巧克力切碎，加入无盐黄油，隔水加热至融化，加入橙酒拌匀。
（2）将淡奶油用小火煮热后加入巧克力溶液中，拌匀后倒入模具中，入冰箱冷藏至凝固。
（3）把巧克力切块，在表面撒上可可粉即可。

朗姆酒黑巧克力

浓烈的朗姆酒和
黑巧克力完美搭配

给味蕾美妙的刺激

材料

20 cm x 20 cm的方形烤模1个

黑巧克力..........160克
淡奶油............125克
朗姆酒............2汤匙
无盐黄油..........1汤匙
可可粉..............适量

做法

（1）将黑巧克力切碎，待用。
（2）将淡奶油用小火煮热后熄火，加入黑巧克力碎，搅拌至融化，加入朗姆酒和无盐黄油，拌匀。
（3）倒入模具中，入冰箱冷藏1天，取出后切成正方体，在表面撒上可可粉即可。

朗姆酒是用甘蔗汁或制糖过程中剩下的残渣作原料，经发酵、蒸馏而制成，常用于制作西式甜品。

太妃巧克力

加入太妃酒和提子干

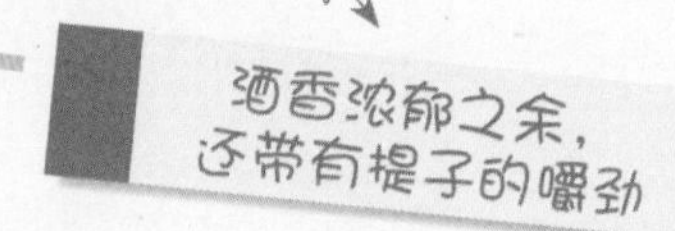

材料

20 cm x 20 cm的方形烤模1个

黑巧克力..........300克
太妃酒...........40毫升
甜奶油.............60克
提子干.............40克
可可粉.............适量

做法

(1) 将黑巧克力切碎，隔水加热至融化，加入太妃酒拌匀。
(2) 加入甜奶油，搅拌至光滑。
(3) 加入提子干，拌匀。
(4) 倒入铺好烤盘纸的烤盘中，入冰箱冷藏4小时，脱模后切块，再在表面撒上可可粉即可。

红酒巧克力

单宁的微酸搭配
黑巧克力的醇厚

材料

20 cm x 20 cm的方形烤模1个

黑巧克力..........150克
白巧克力..........150克
淡奶油...........300克
红酒.............3汤匙
无盐黄油..........1汤匙
椰浆...............适量

做法

(1) 将黑、白巧克力切碎，隔水加热至融化。
(2) 将淡奶油用小火煮热后熄火，加入已融化的黑、白巧克力，再加入红酒、无盐黄油拌匀。
(3) 按照个人喜好，加入椰浆，拌匀后倒入模具内，入冰箱冷藏4小时，脱模后切块即可。

咸香的花生酱也可以用来做甜品哦！糯米粉混合粘米粉，做出有韧性的糯米皮，糯米糍要现做现吃，放久了会变硬。

蒸煮

花生酱糯米糍

蒸煮时间

25分钟

材料

10颗

水............300毫升
细砂糖............200克
糯米粉............380克
粘米粉............100克
花生酱............适量
椰丝............适量

做法

盛装糯米糊的容器要够宽大，这样成品才比较容易蒸熟。

1 制作糯米糊

将水煮沸，加入细砂糖，煮至溶化，倒入糯米粉和粘米粉中，拌匀成糊状，倒入烤盘中蒸25分钟，待凉。

糯米粉较黏手，是否蒸熟可用筷子测试，蒸至不太黏着插入的筷子即可。

2 将糯米糊揉成团

将糯米糊用手揉成团，分成10等份，搓成球形。

3 放入花生酱

用手指在小圆球上戳一个洞，放入花生酱，然后包拢并搓成圆球，再粘上椰丝即可。

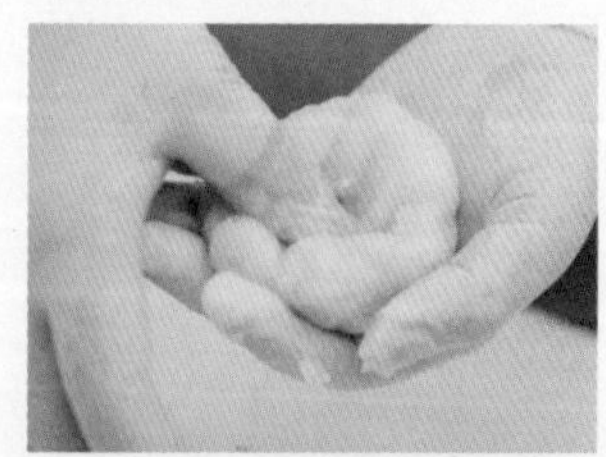

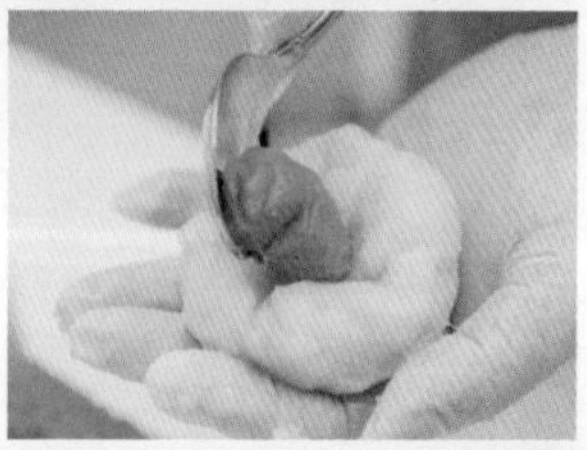

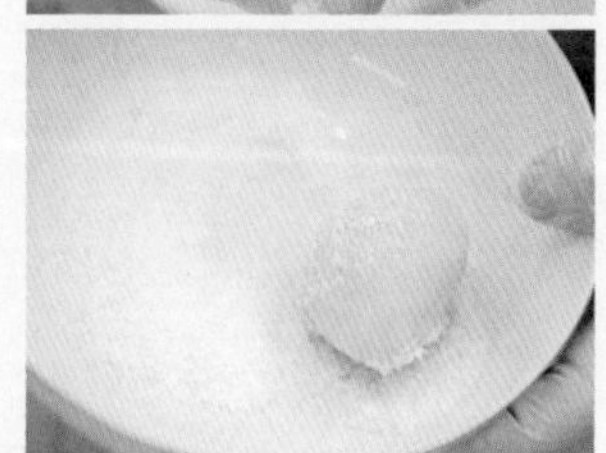

烘焙常识课

怎样可以让糯米糍不变硬?

将水加入糯米粉与粘米粉中时要不停搅拌，直至用汤匙盛1匙糯米糊向下倒，可以连成一条直线即可。记得搅拌时间要长一点，这样糯米糍的口感会更Q弹。如果要将糯米糍放入冰箱，要用保鲜膜包好。

奶黄糯米糍

把花生酱替成奶黄馅

材料

10颗

水..............300毫升
细砂糖............200克
糯米粉............380克
粘米粉............100克
奶黄馅............300克
椰丝..............适量

做法

（1）将水煮沸，加入细砂糖，煮至溶化，加入糯米粉和粘米粉，拌匀成糊状。

（2）倒入烤盘中隔水蒸20分钟，待凉后搓成粉团。

（3）把粉团分成10等份，搓成球形，包入奶黄馅，搓成糯米糍，再粘上椰丝即可。

烘焙常识课

如何自制奶黄馅？

材料：卡士达粉25克，玉米淀粉5克，细砂糖30克，鸡蛋1/2个，鲜奶250克，无盐黄油20克。

做法：
1. 将卡士达粉、玉米淀粉、细砂糖及鸡蛋混合，再加入25克鲜奶拌匀。
2. 将剩余鲜奶与无盐黄油以小火煮沸，边搅拌边加入卡士达溶液，至熟透成糊，熄火。
3. 放凉后入冰箱冷藏1小时，取出，平均分成若干等份，备用。

栗蓉糯米糍

加入栗子蓉，再入冰箱冷藏

材料

5颗

面粉..............20克
粘米粉............50克
糯米粉............40克
细砂糖............40克
色拉油............3汤匙
炼乳..............60毫升
牛奶.............160毫升
栗子蓉............200克
糕粉..............4茶匙

做法

（1）将面粉、粘米粉、糯米粉和细砂糖混合，加入色拉油、炼乳和牛奶拌匀。

（2）倒入烤盘中隔水蒸25分钟，待凉后搓成粉团。

（3）把粉团分成5等份，搓成球形，压平后包入栗子蓉，搓成糯米糍，撒上糕粉，入冰箱冷藏即可。

芒果雪花卷

香浓多汁的芒果肉

和Q爽的糯米皮
简直是绝配

材料

30 cm x 30 cm的烤盘1个

糯米粉............150克
芒果汁..........250毫升
淡奶..............3汤匙
细砂糖............3汤匙
卡士达粉..........1汤匙
芒果................2个
椰丝..............适量

做法

（1）将芒果去皮，切条。
（2）将糯米粉、芒果汁、淡奶、细砂糖和卡士达粉拌匀，倒入烤盘中蒸8分钟。
（3）待凉后分成4等份，包入芒果条，卷上雪花卷，再粘上椰丝，冷藏一夜即可。

把芒果换成草莓

草莓糯米卷

材料

30 cm x 30 cm的烤盘1个

糯米粉............300克
细砂糖..............80克
椰浆............250毫升
水..............250毫升
草莓..............适量
椰丝..............少许

做法

（1）将草莓洗净，切粒。
（2）将糯米粉、细砂糖、椰浆和水拌匀，搓成粉团，隔水蒸熟，待凉。
（3）用擀面杖擀平，包入草莓粒，卷成糯米卷，再粘上椰丝即可。

蒸煮

日式草饼

蒸煮时间
25分钟

材料

12个

草饼粉……15克
米粉……230克
糯米粉……50克
糖粉……60克
热水……400毫升
豆沙……320克
糕粉……适量

做法

1 拌匀粉类

将草饼粉、米粉、糯米粉和糖粉拌匀。

2 隔水蒸成粉团

加入热水，拌匀后隔水蒸 25 分钟。

3 准备豆沙馅和粉团

把豆沙分成小份，搓成圆球，待用。把粉团搓透，以增加其韧度。

收口时，注意收口朝下。糕粉也可用椰丝代替。

4 放入豆沙馅

取部分粉团，搓成圆饼形，再放入豆沙馅，搓成小圆球形。最后粘上少许糕粉即可。

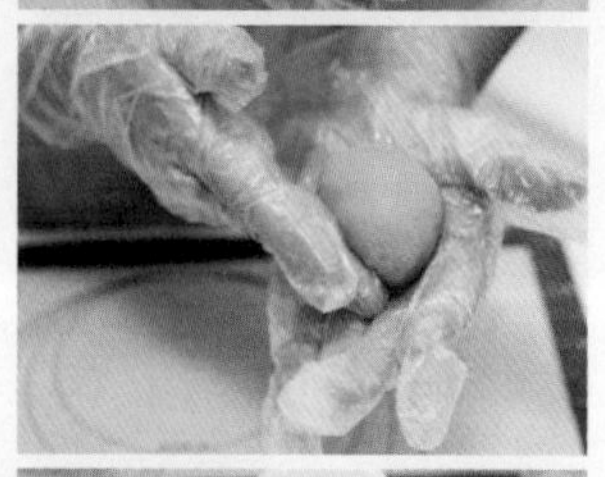

使用预拌粉制作草饼有哪些注意事项？

市面上所见的预拌粉种类很多，成分包括糯米粉、改良淀粉等，只要按照指示加入适量水和植物油拌匀成团，加以搓揉，再放进冰箱就可以了，操作非常方便！不过，因为预拌粉质量参差不齐，最好事先试验一下，如果按照指示调配效果不理想，可以增加水的分量；也可以增加植物油，让粉团变得更有光泽。如果做出的粉团韧度不足，可以加入糕粉。

加入栗子馅

多一重香浓

日式栗子草饼

材料

12个

米粉……………230克
糯米粉……………50克
糖粉……………60克
热水……………250毫升
草饼粉……………20克
糖水栗子……………适量
豆沙……………400克
黄豆粉……………适量

做法

（1）将米粉、糯米粉和糖粉拌匀，加入热水，拌匀后隔水蒸20分钟，待凉后搓成粉团。

（2）将粉团和草饼粉拌匀，分成12等份，包入糖水栗子和豆沙，搓成草饼，再在表面撒上黄豆粉即可。

酸甜可口

草莓巧克力大福

加入巧克力和草莓

材料

12个

糯米粉……………100克
水……………125毫升
巧克力……………80克
牛奶……………2汤匙
豆沙馅……………150克
草莓……………10颗
糕粉……………适量

做法

（1）将草莓洗净，去蒂；将糯米粉和水拌匀，隔水蒸熟，待凉后搓成粉团。

（2）将巧克力隔水加热至融化，加入牛奶和豆沙馅拌匀，分成12等份，包入草莓。

（3）把粉团分成12等份，擀平，包入巧克力馅料，在表面撒上适量糕粉即可。

酸梅粉制成的饼皮
包裹着粒粒红豆

尝一口就胃口大开

梅粿子

材料

12个

糯米粉............150克
玉米淀粉...........50克
酸梅粉............1汤匙
细砂糖............50克
红色食用色素.......1/4茶匙
水..............190毫升
罐装红豆..........200克
黄豆粉............适量

做法

(1) 将糯米粉、玉米淀粉和酸梅粉拌匀，过筛，加入细砂糖、红色食用色素和水，搅拌至光滑。

(2) 倒入深盘中，用大火隔水蒸20分钟，待凉后搓成粉团。

(3) 把粉团分成12等份，包入罐装红豆，搓成草饼，再在表面撒上黄豆粉即可。

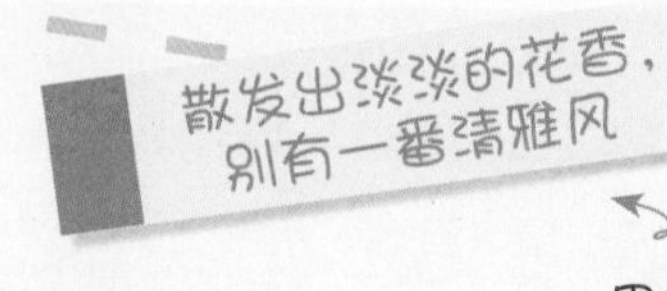

樱花粿子

用樱花叶裹
红豆草饼

材料

12个

糯米粉............20克
水..............125毫升
低筋面粉...........50克
细砂糖............20克
红色食用色素........2滴
罐装红豆..........150克
樱花叶............10片

做法

(1) 将樱花叶用温水浸泡20分钟，洗净，沥干水分，待用。

(2) 将糯米粉和水拌匀，筛入低筋面粉和细砂糖，拌匀。

(3) 加入红色食用色素拌匀，静置30分钟，分成12等份，下油锅煎成薄饼。

(4) 用薄饼卷起罐装红豆，再裹上樱花叶即可。

图书在版编目（CIP）数据

学1道会5道：甜品200道 / Julie, Julia编著. — 杭州：浙江科学技术出版社，2018.5
ISBN 978-7-5341-7992-1

Ⅰ. ①学… Ⅱ. ①J… ②J… Ⅲ. ①甜食—食谱 Ⅳ. ①TS972.134

中国版本图书馆CIP数据核字（2017）第312114号

著作权合同登记号 图字：11-2015-160号
本书中文简体版由香港万里机构出版有限公司授权浙江科学技术出版社在中国内地出版发行及销售

书　　名 学1道会5道：甜品200道
编　　著 Julie & Julia

出版发行 浙江科学技术出版社
杭州市体育场路347号 邮政编码：310006
办公室电话：0571-85176593
销售部电话：0571-85176040
网　址：www.zkpress.com
E-mail：zkpress@zkpress.com
排　　版 杭州兴邦电子印务有限公司
印　　刷 杭州富春印务有限公司

开　　本 710×1000 1/16　　印　张 12
字　　数 200 000
版　　次 2018年5月第1版　　印　次 2018年5月第1次印刷
书　　号 ISBN 978-7-5341-7992-1　　定　价 39.80元

责任编辑 陈淑阳　　责任校对 马 融
责任美编 金 晖　　责任印务 田 文